# 優等生の大ちゃん

渡辺 せつ子
WATANABE Setsuko

文芸社

# 目次

# 優等生の大ちゃん

## 大ちゃん、家《うち》にやって来る

一九九二年秋のことです。弟の友人の福田さんが、多摩川で保護した猫を家に連れて帰りました。するとその子猫の三匹も親の後を追うようにして、ついて来てしまったのです。父親はチンチラで、母親は三毛猫です。長男の大ちゃんは赤毛の長毛、長女の金さんはグレー色の短毛、次女の銀さんもグレー色の短毛で、きょうだい三匹は皆、生後二ヵ月ぐらいの子猫たちです。これが野良猫一家の家族構成です。

福田さんから「大ちゃんを貰って下さい」と頼まれて、弟が車で迎えに行くことになりました。まだまだ小さな大ちゃんですが、早くも親、きょうだいとお別れしなければなりません。人間であれば通常は考えられない出来事です。福田さんは「大事にしてね」と言って大ちゃんを手渡してくれました。小さな箱に入れられた大ちゃんは、多摩川から浦和の自宅まで、実は、おしっこをずっと我慢していたのです。そして家に着くや否や、用意してあった大ちゃん用のトイレでいっぱいおしっこをしてとてもお利口さんでした。トイレの躾は福田さんがきちんと教えてくれていたのです。

大ちゃんを我が家に迎えた時は、もう十月も末で、少し寒さを感じるぐらいの気候となっていました。家に着いたのは午後四時半頃です。多摩川から浦和までの約一時間、小さな白い箱に入れられたまま、「ニャー」と一言も鳴かず、静かに大人しくしていたそうです。大ちゃんはよくおしっこを我慢したね、とつくづく思いました。こんなにも小さな猫の大ちゃんですが、本当に偉かったです。普通の子猫であれば、箱に入れられただけで、「ニャー」と鳴きながら暴れるのではないかと想像しますが、弟にこの時の様子を聞いて、ビックリするやら感心するやらで、大ちゃんは一体どんな子なんだろうと思い、私は興味津々になりました。

大ちゃんという名前は、福田さんに付けて頂きました。目はとても大きく、青みがかったエメラルド色で、それはそれは可愛らしい、まるで、ぬいぐるみのような、まだ小さくても、どことなく品格を感じさせる賢そうな子猫の大ちゃんでした。声も、とても可愛いです。

私はあらかじめ用意してあった可愛い絵柄のトレイの上に、容器に入れたお水とキャットフードを置いて大ちゃんに、「こっちが〝ぶー（お水）〟で、こっちが〝ちいち（キャットフード）〟ですよ」と教えてあげました。そして「噛み噛みして食べてね」と話しかけました。それから爪研ぎを用意してあったので、大ちゃんの両手（前足の動きを見ていますと、前足は足と手の両方の働きを持つことが分かります。従って前足の動き方により時には手として表現することは決して誤った表現の仕方ではないと考えます。猫も手と足がないと不自由です。前足と後ろ足とでは形が違います。後ろ足は足の働きのみです）を持って、「ガリガリしてね」と教えてあげたのです。すると大ちゃんはすぐに覚えてしまい、ガリガリ、ガリガリやり始めました。

弟は少し疲れたのでしょうか。床に横たわりながら大ちゃんを抱えて、テレビを見始めたのです。大ちゃんは大人しくしています。しかも何だか嬉しそうで、弟のかずちゃんも大ちゃんも寛いでいるのです。そしてもう何年も家族として一緒に暮らしているかのような、そんな感じさえ受けてしまうのです。弟と大ちゃんは今日初めて会ったばかりですが、すっかり打ち解けて、人間の親子のようにさえ見えてしまうほどです。不思議と気が合っていたのでしょう。大ちゃんのあまりの自然な態度に私は驚きを隠せませんでした。その夜は、私の枕の隣に大ちゃんは寝ていました。

## 大ちゃんの、後追い

大ちゃんが家《うち》の子になってくれた翌日の朝の出来事です。

弟が会社へ出かけようとしたその時、まだ家へ貰われて来て二日目ではありますが、大ちゃんは何とかずちゃんの後を追ったのです。その様子は、まるで人間の子が親の後を追うのと全く同じ状態なのです。これには本当にビックリさせられてしまいましたが、何とかなだめることができました。まだ両手の平に軽く乗ってしまうくらいに幼くて家に来たばかりの子猫の大ちゃん、人間の子と全く同様に人の後を追うという行為をまざまざと見せ付けられてしまいました。こんなことがあり得るのでしょうか。

# 大ちゃん家《ち》の、生活

今日から昼間は大ちゃんと私との生活が始まります。

大ちゃんは、まだ猫の言葉もよく分からないうちに貰われて来てしまったのです。私は人間の子にお話しをするような気持ちで、何をする時にでも大ちゃんにお話しをしてから始めることにしました。

朝は「大ちゃん、洗濯干しをやってきますよ」と声をかけてから、二階のベランダに干しに行きます。その後は大ちゃんの毛を櫛で梳かしてあげました。「大ちゃん、〝きれきれ（きれいにする）〟しますか」と言って、お話ししながら梳かしてあげます。「かずちゃんは夜、八時頃、会社から帰ってきますよ。だから、お利口さんで待っててね」と話してあげました。

大ちゃんと二人で過ごす一日目のお天気は大変穏やかな日和に恵まれました。そこで午前十時半頃になり、私は「大ちゃん、〝おんも（外）〟へ行きますか」と話しかけながら両手を大きく広げ、「大ちゃん、抱っこ、抱っこ」と言って呼んでみたのです。すると、どうでしょう。大ちゃんは私に駆け寄り、すぐに抱っこされてしまったのです。

そして外に出た私は「大ちゃん、おんもは、あったかいね」と話しかけました。まだ見慣れない景色を、まるで覚え込もうとしているかのようにあちこちを眺め始めた大ちゃんです。

家のすぐ前には公園があります。そこには、とても香りの良い金木犀の花が咲いていたのでしょうか。「大ちゃん、お花ちゃんの匂いがしますよ」と言って、私は顔を上下にゆっくりと振りながら鼻からスースーと息を吸い、お花の匂いを嗅ぐ仕草をして教えてあげました。まだとても小さな大ちゃんにはよく分からない様子です。そして私は、「もう大ちゃん、お家の中に入りますか」「大ちゃん、〝おんり（降りる）〟してね」と言って、そっと降ろしてあげました。大ちゃんと私との初めてのおんもの見学はこれでおしまいです。

「大ちゃん喉が渇いちゃうから、ぶーを飲んだ方が良いですよ」と話しているうちに、早くもちいちのご飯を食べ始めてしまいました。その都度、「噛み噛みしてね」「ちいちのご飯を食べたら、ぶーを飲んだ方が良いですよ」と話してあげます。それからしばらくすると大ちゃんは、トイレの中に入り込み、何やら用足しが始まりました。「大ちゃん、おしっこですか、うんちですか」と聞いているうちに大ちゃんは砂をかけてからトイレの外に出てきたので、「きれきれ（きれいにする）してあげます」と言いながら、トイレの中のお掃除をすぐに済ませました。粗相もしないできれいに砂をかけて自分の取った行動に対する責任を果たしているのです。考えてみれば人間と動物とは成長の進み具合に相違こそあるとはいえ、このような行ないを見ると、生後わずか二ヵ月ぐらいの幼い子猫ちゃんではありますが人間の子よりもお利口さんではないのでしょうか。その後は大ちゃんを抱っこしながらできる家の仕事をしました。それから「大ちゃんこたつの中に入りますか。あったかくて良いですよ」と言ってこたつの中に入れてあげました。そうこうしているうちに夕食の支度をする時間です。

そしていよいよ弟が帰宅する八時に近付いてきました。「大ちゃん、もうすぐ、かずちゃんは会社から帰ってきますよ」と話してあげました。大ちゃんを抱き上げて、「もう、八時になりますよ」と言ったその時です。弟の門を開ける、カチャッという音がしました。「大ちゃん、ほら、カチャッて、あっち」と言って、音のした方を指でさして教えてあげたのです。すると大ちゃんは大きなお目目をまん丸にして、カチャッと音のする方に顔を向けました。今度は玄関を開ける音です。「ほら、かずちゃんが帰ってきました」と話しているうちに弟は、ドアを開けて入って来ました。大ちゃんは、とても可愛らしい声で、もう、「ニャーニャーニャーニャー」と言いながら、かずちゃんに抱っこされてしまったのです。よほどかずちゃんの帰宅が待ち遠しかったに違いありません。朝、会社へ出かける時に後を追ったぐらいですから本当にかずちゃんのことが大好きな様子です。

大ちゃんが家の子になってくれてまだ二日目ではありますが、なぜか私は不思議な気持ちが込み上げてくるのです。まだ、こんなにも小さな子猫の大ちゃんなのに、まるで人間の小さな子供が存在しているかのごとく思えてしまうのはおかしいのでしょうか。

# 初めての健康診断

大ちゃんを我が家に迎えての今日は初めての土曜日です。私はあらかじめ従姉の光子さんから獣医師のお話を聞いていたのでとりあえず大ちゃんを連れて診察を受けに行くことになりました。何と言っても野良出身の身ですから病気の心配がないとは言えません。「大ちゃん、〝ブーブ（車）〟に乗って先生のところに行きますよ」と、お話ししながらかずちゃんが大ちゃんを抱っこして助手席に乗り、私が車の運転をして行くことになりました。

行き先は埼玉県川口市にあるペットクリニックです。大ちゃんを車で多摩川まで迎えに行った時には小さな白い箱に入れられて来たので外の様子も何も見えませんでしたが、今日は外の景色や人々の様子を知ることになります。大ちゃんにとって初めての小旅行です。

私は「大ちゃん、ブーブに乗ると良いですよ」「ほら、ブーブが、いっぱい走っていますよ」「よその、おじちゃんも、おばちゃんもいますよ」と話してあげました。大ちゃんは外の様子を眺めて大人しくしています。

そしてようやくペットクリニックに到着しました。「大ちゃん、先生のところに着きましたよ」と話しかけながら早速、ペットクリニックの待合室で受け付けを済ませて待っていました。私たち以外にも数人のお客さんが大きな犬や猫を連れて待っています。大ちゃんは大きな犬や猫を目の前にしても何の反応もしないで、かずちゃんに抱っこをして貰って静かにしています。最後に大ちゃんの順番が回ってきました。いよいよ診察室のドアが開き、先生から「大ちゃん、どうぞ」と言われました。先生は女医さんです。まずは宜しくお願いします、のご挨拶です。そして早速、先生から「大ちゃんは可愛いね」と、お言葉を頂きました。

私は「大ちゃんは野良猫ちゃんの子供ですから体の方は大丈夫かと思いまして」と話しました。すると「何ヵ月ぐらいになりますか」と年齢を聞かれ、「二ヵ月ぐらいだと思います」と応じているうちに体重を量って頂くことになりました。先生は「悪い病気がなければ良いですけど」と話されたあと、猫に関しての、お話が少しありました。

診察を受けた後は予防接種をして頂くことになり注射の準備が始まりました。先生に「大ちゃんすぐに終わるから我慢してね」と言われ、いよいよ注射が打たれました。まだこんなにも小さな大ちゃんですが、痛くても、ニャーとも鳴きません。先生は「偉い偉い」と声をかけて下さいました。その後、先生が大ちゃんを持ち上げました、その時です。よく小さな子が先生から逃れようとして母親の方に抱っこをして貰おうとする様子を見かけることがありますが、大ちゃんは正に人間の子と同じように私の方に向きながら抱っこをして貰おうと体を捻り、両手を伸ばし「ニャーニャー」と言って私のところに来ようとしたのです。この時には、またもや驚かされてしまいました。本当に人間の子が母親の方に抱っこをして貰おうとするような行為としか思えませんでした。そして先生から「家でも大ちゃんの様子をよく見ているようにして下さいね」との、お話がありました。これで診察は終わりになり、そこで私は「先生にバイバイねって言った方が良いですよ」と大ちゃんに話しかけてみたのですが、まだ人の言葉が分からない大ちゃんですから、これは無理なお話ではありました。

帰りも弟が抱っこをして車に乗り込みました。「大ちゃん、ブーブに乗って、お家に帰りますよ、大丈夫ですか。大ちゃんは、お利口さんですね」と私は話しかけました。「大ちゃん、ブーブに乗ると気持ち良いね。おんもを見た方が良いですよ」と、お話ししながら家路を急ぎました。

そろそろ家に近付いてきたので、「もうすぐ大ちゃん家《ち》ですよ」と言って、外を見せてあげました。そして家に上がるが早いか大ちゃんは、ちいちのご飯を食べ始めてしまったのです。「大ちゃんは、ちいちのご飯ですか、噛み噛みしてね。ぶーも飲んだ方が良いですよ」と話してあげました。それからすぐに大ちゃんはトイレで用足しが始まり、家に着いてからは忙しい大ちゃんでした。注射をしても元気な大ちゃんです。その後も、ペットクリニックに来院するたびに、「大ちゃんは可愛い、大ちゃんは可愛い」と、先生はおっしゃってくれます。

## 大ちゃんの、ビックリ仰天、行動

大ちゃんが家の子になり半月ほど経った頃のことでしょうか。大ちゃんにはまた、ビックリ仰天させられてしまったのです。それは私がこたつのあるお部屋のドアを開けた、その時です。さて、小さな大ちゃんは一体何をしていたのでしょうか。大ちゃんは何を考えていたのか、こたつの上に置かれていた妻楊枝を一本ずつ口にくわえてはこたつの下まで運んでいるではありませんか。大人の猫ちゃんでも手で触って楊枝をぐちゃぐちゃに散らかしてしまっておしまいなのが普通だと考えられますが、この光景を目にした時にはあまりの驚きに思わず私はハッとしてしまいました。大ちゃんは普通の子とはちょっと違うね、とこの時、感じたのです。まだ家へ来てくれて間もない大ちゃんですが、もう驚きの連続です。

## 初めての、お遊び

大ちゃんが家の子になってくれて、そろそろ二週間ぐらい経った頃でしょうか。

会社から帰宅したかずちゃんは大ちゃんと遊ぼうと思い、家にある紐を持ち出して、「大ちゃん、お遊びしますか」と言って紐を揺らしながら話しかけてみたのです。するとどうでしょう。大ちゃんは大きなお目目をさらに大きくして紐の方をじっと見て、紐から目を離そうとしません。そしてかずちゃんは紐を揺らしながらあちこちに動かしたり、急に紐の動きを止めてみたりしました。すると大ちゃんは面白くなったようで何とか紐を捕らえようと一生懸命です。時には踏み台の下に入り込み紐の動きを見定めながら、小さな大ちゃんは頭を使って紐を目で追っています。そしてしばらくの間、かずちゃんに遊んで貰いました。「もう、お遊びはこれで終わりにしますよ、また明日やろうね。大ちゃん」と言って、かずちゃんは声をかけましたが、まだまだ遊び足りない大ちゃんです。それから次の日も次の日も、かずちゃんの帰宅が待ち遠しくて遊んで貰えるのが楽しみなようで、もう大変です。

今日もまたいよいよ夜の八時です。門を開ける、カチャッという音がしました。すると大ちゃんはお部屋の中で、門に一番近い所に行き、今度は玄関のドアを開ける音がしました。まだ次は玄関に一番近いドアの側に行き、かずちゃんが入ってくるのを待っているのです。まだこんなにも小さな大ちゃんですが、一度覚えたことは忘れない子だと、この時に分かりました。それは門を開けるカチャッという音と、ドアを開ける音でかずちゃんの帰宅を判断して理解しているのです。まだ両手の平に軽く乗ってしまうほどに幼く、家に来てくれて間もない大ちゃんですが、人間の子と全く同様の行動と判断ができているのです。そしてそれが目の前で繰り広げられているというこの現実に、大ちゃんは、一体、人間の子なのか猫ちゃんなのか分からなくなってしまうような思いに私は駆られてしまうのです。

## 初めての、お土産

弟は珍しく会社帰りにキャットフードのお土産を抱えて帰ってきました。「大ちゃん、ちいちのご飯を買ってきました」と話しかけながら、茶碗の中に入れてあげました。すると大ちゃんは何かいつもの食べ方とは様子が違うのです。もう美味しくて、美味しくて、それは、もう何度も、何度も、お代わりをしてしまうのです。こんなに美味しい、ちいちのご飯というような顔をして、それはもう、大ちゃんの大好きな味にぴったりと合ってしまったようなのです。もう美味しくて、美味しくて堪らなかったのでしょう。いっぱい食べてしまいました。大ちゃんのお腹は、ぽんぽんにふくれてしまいました。

それからは毎日、何度も何度もご飯を食べるようになってしまったのです。これで大ちゃんの楽しみはふたつになりました。大ちゃんのもうひとつの楽しみは、かずちゃんに紐を使って遊んで貰うことです。大ちゃんは、とても表情の豊かな楽しい子なのです。

## 大ちゃんに教えた、たったふたつの言葉

生涯、大ちゃんにあえて教えた言葉といえば、たったふたつの言葉に過ぎません。そのうちのひとつは、大ちゃんが家の子になってくれた生後二ヵ月ぐらいの幼い頃のことになります。それは生きていくための最も基本的なことともいえる食べ物を噛むということを、大ちゃんには「噛み噛みしてね」と言いながら、大ちゃんのお口の側に私の口を近付けて食べ物を噛みながら「大ちゃん噛み噛み」と言って教えました。そこで、ひとつ目の言葉、「大ちゃん噛み噛みしてね」を覚えてくれたのです。

ふたつ目は初めて「ちいちを食べますか」と言って聞いてみたのですが、その時に、大ちゃんはお目目をまん丸にして、何を言っているんだろうというような表情を見せたのです。大ちゃんにはお話が通じていないことが分かりました。そこで私はまず、「大ちゃん。ちいちを食べますか」と言って話しかけた時に、大ちゃんには「何々をしますか」の、語尾の「か」の言葉を強調して発音し「大ちゃんに、ちいちを食べます〝か〟って聞いているんで

すよ。大ちゃん、分かった?」と、話してあげたのです。すると、一度で大ちゃんは言葉の意味を正しく理解し、大きな声で「分かった」と言って、お返事をしてくれました。大ちゃんはこの時、「分かった」という言葉と、その意味についても同時に理解をして覚えることができてしまったようです。まだまだ、とても幼い大ちゃんですが言葉を正しく理解し、それも一度の説明で、「大ちゃん、ちいちを食べますか」を覚えてくれたのです。

大ちゃんが家の子になってくれた時から私は人間の子にお話しする気持ちで接してきました。あえて教えたふたつの言葉以外の言葉については、人間の子が親と接し、親の話を聞きながら自然に言葉を覚えていくのと同じように、大ちゃんもきわめて当たり前のようにして言葉を覚えていったのだと思います。

その後、大ちゃんが育っていく過程においていろいろと観察していると、確実に言葉を覚えてきていることがよく分かるのです。とても幼い大ちゃんですが大変覚えの早いことにも気が付きます。また、人の話を聞き逃さないことも分かってきます。大ちゃんは紛れもなく猫ちゃんではありますが、こんなにも早く、ましてや人間の言葉を正しく理解し、しかも確実に覚えて自分の身に付けることができているという。この事実には、とても猫ちゃんとしては考えられないようなことではありますが、しかしながら、これは現実のことなのです。

そして大ちゃんが、そろそろ大人になってきた頃にはほとんどと言ってよいほどに言葉には不自由しなくなっていました。日常会話においてもかなり長いお話も理解を示してくれていることがよく分かります。私の話す言葉は、いつも自然に大ちゃんに通じていると感じることができ、とても嬉しく思います。猫という概念から考えてみても少し異常とも思えるほどに言葉の上達が早く、しかも正確に確実に覚えてきているのです。理解力についても驚くべきものがあるのです。大ちゃんの記憶力についてはただ単に動物の頭脳と言って片付けられるだけのものではありません。それは人間の頭脳に匹敵するほどのものであろうと私は見たのです。

## 大ちゃんへの、ぬいぐるみ、プレゼント

今日は親戚の人が大ちゃんに、「プレゼント」と言って、猫の小さなぬいぐるみをわざわざ届けに来てくれました。そのぬいぐるみは毛色が大ちゃんの毛色とよく似た色をしていて、お腹を押すと、「キュウ、キュウ」という猫の鳴くような音がします。「おじちゃんが大ちゃんに、〝にゃんこ（猫）〟のぬいぐるみを買ってきてくれました」と、お話ししてあげると早速、興味をそそられてしまったのでしょうか。大ちゃんはぬいぐるみの側に近寄り、手で触ってみたり匂いを嗅いでみたりしています。それに毛色が大ちゃんによく似ているところも気に入ったのでしょう。口でくわえたりもしています。私は「大ちゃんの、〝ちびにゃんこ（子猫）〟ですよ」と話してあげました。そして大ちゃんのちびにゃんこは、小さな家具の上に置いておきました。弟は時々、ちびにゃんこのぬいぐるみを使い遊んであげていました。

大ちゃんがようやくちびにゃんこのぬいぐるみが置かれている小さな家具の上にあがれる

ようになった頃からです。大ちゃんは家具の上に飛び乗り、ちびにゃんこのぬいぐるみを口にくわえ下に下りてくると、大ちゃんのご飯が置かれている隣に置いてから、ちいちのご飯を食べ始めたではありませんか。それは正に人間の子が大好きな、お人形やぬいぐるみなどを側に置いてからご飯を食べるのと全く同じ行動を大ちゃんはしたのです。

それ以来いつも食事の時には必ずちびにゃんこのぬいぐるみを自分で取りに行き、側に置いてから食べているのです。そして、いつの日か夜、寝ている時に私は、ふと耳を澄ませると何やら、「ギーギーギーギー」という音が聞こえてくるのです。この音は何だろうと思い、辺りを見回して見ると、私のすぐ隣で大ちゃんは、ちびにゃんこのぬいぐるみのお尻のところを噛んで、「ギーギー」という音を立てていたのです。それからはいつも私の枕の隣まで、ちびにゃんこのぬいぐるみを運んで来ては、「ギーギーギーギー」と噛み噛みしてから眠りに就く大ちゃんです。まだとても幼い大ちゃんではありますが、何事も自分自身で考え行動しているのが分かります。

## 大ちゃんひとりの、お留守番

私は毎日ではありませんが食料品などの買い物に車で出かけなければなりません。まだとても幼い大ちゃんですが、その時には大ちゃんひとりでお留守番をすることになってしまいます。

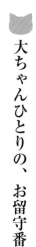

私は「大ちゃん、ブーブに乗って買い物に行ってきますよ、お留守番、頼むね」と、お話ししてから出かけます。すると大ちゃんは踏み台の上にあがり、私の車が見えなくなるまで見送ってくれているのです。私が帰宅した時には、もう大変です。大ちゃんは、「ニャーニャーニャーニャーニャー」と言って、それはそれは可愛らしい声ですからあまりの愛くるしさに私は、もう堪りません。思わず、チューをしてしまったのです。

それからというもの、大ちゃんはチューを覚えてしまいました。そしてお部屋の中で、大ちゃんと擦れ違う時には、いつも大ちゃんの方から、チューをしてくれるようになったのです。一日家で過ごす中では何度も大ちゃんと擦れ違うわけですから、擦れ違うたびに私の方を、じっと見ながら目を逸らすことなく大ちゃんは歩いてくるのです。そして必ず、チュッとしてから大ちゃんは歩き出します。また、私が寝転んでいるものなら、もう大ちゃんは、チューのやり放題です。私が外出をする時には必ず大ちゃんは踏み台の上にあがり私の車が見えなくなるまでずっと見送ってくれているのです。大ちゃんは誰に言われることなく何事も自分自身で考え行動しているのです。

まだ、こんなにも幼く小さな大ちゃんではありますが、とても頭の働く、そして気の利く、それは、それは可愛らしい子なのです。

## ブーブ（車）に乗り、ホームセンターに、お出かけ

今日は土曜日で暖かくて良いお天気です。たまには大ちゃんも車に乗せてあげようと思い、ホームセンターに出かけようということになりました。「大ちゃん、ブーブに乗って買い物に行きますすか」と話しかけ、かずちゃんが大ちゃんを抱っこして車に乗り込みました。私は運転です。大ちゃんは車に乗せられても全く嫌がる様子もなく、むしろ車に乗るのが大好きなようです。外の景色や車の走行する様子などを眺めながら大ちゃんは大人しくしています。

いよいよ、ホームセンターに着きました。弟は上着の中に大ちゃんを入れて抱っこをしながら車を降りました。今日は土曜日なので、お客さんで、いっぱいです。少し歩いて、お店の中に入ろうとした時です。ホームセンターに来ていたおばさんたちが何人も側に寄ってきたのです。おばさんたちのお目当てはもちろん大ちゃんでした。皆さん「可愛い、可愛い」と言って、もう大変です。「名前は何というの」と聞かれました。他にもいろいろと質問されてしまい、お店の中に入って歩いている時にも、またまた他のおばさんたちが何人も寄っ

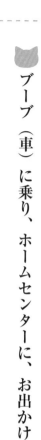

てきては「可愛いね」と言われてしまい、何だか人気者でも来ているかのような状況になってしまったのです。

騒ぎも落ち着きようやく買い物ができることになり、まずは大ちゃんのトイレの砂を買うことにして、二袋、買いました。次に爪研ぎと長さ四十センチぐらいの細い棒の先に赤、黄、緑色の小さな、ぼんぼんの付いている可愛らしい猫じゃらしも購入し、帰宅することになりました。

帰りの車の中で、「もうすぐ大ちゃん家《ち》ですよ」と話しかけると、何やら大ちゃんは少しそわそわするような様子で辺りの景色を眺めながら、大ちゃん家があるかどうかを探して確かめているようなのです。まだ幼い大ちゃんですが本当にしっかりしている子です。

家に着いてからは食いしんぼうの大ちゃんですからすぐに、ちいちのご飯を食べてしまいました。それから購入したトイレの砂を大ちゃんに見せてあげました。「大ちゃん、トイレの砂を買ってきました」と、お話ししてから、トイレの中に、砂を入れてあげたのです。すると大ちゃんはすぐにトイレの中に入り、何だか気持ち良さそうにしています。買ってきたトイレの砂が気に入ったようなのです。そして買ってきたばかりの三色の小さなぼんぼんの付いている大ちゃんの猫じゃらしも見せてあげました。するとすぐに大ちゃんの物かと思ったのでしょうか。自分からぼんぼんを触りながら遊び始めたのです。かずちゃんは「大ちゃん、お遊びしますか」と声をかけてあげました。すると大ちゃんは思わず、「ニャー」と言って大きな声で、お返事をしてしまったのです。赤、黄、緑色のぼんぼんを捕らえようと大きなお目目をさらに大きくして、ぼんぼんから絶対に目を離そうとはしないのです。もう、一生懸命です。どうしたらぼんぼんを捕らえられるのかを考えながら遊んでいることがよく分かります。幼くても、とても賢い大ちゃんです。ますますお遊びが大好きになってしまったようです。

## 大ちゃん、かずちゃんの帰宅を心待ちに

大ちゃんは、ウィークデイにはかずちゃんが会社から夜八時に帰宅をして大ちゃんと遊んでくれることをすっかり覚えてしまいました。いつも夜になるとどんなにかずちゃんの帰宅を楽しみにして待っていてくれているのかが、大ちゃんの様子を見ていると本当によく分かるのです。

まず夜になると門を開ける、カチャッという音で大ちゃんはすぐにお部屋の中で門に一番近い所へ飛んで行きます。今度は家のドアを開ける音で、かずちゃんが入ってくるドアの前で楽しみにして待っているのです。もう、一生懸命です。その様子は父親が帰宅後に遊んでくれるのを楽しみに待っている人間の子と全く同じです。大ちゃんは確かに姿は猫ちゃんではありますが人間の子そのものにうつります。

## 大ちゃんの、思いも寄らない行動

大ちゃんは毎日ちいちのご飯をいっぱい食べています。ようやく一歳と六カ月ぐらいになった大ちゃんは、家へ来た頃よりも少し大きくなってきました。そんなある日です。お天気は曇りで少し肌寒さを感じますが、「大ちゃん、おんもに行きますか」と私は声をかけ、抱っこをして外に出てみました。その時です。大ちゃんは一体何を思ったのか、私の手からさっと逃れ、全速力で家の周辺を走り出してしまいました。

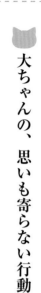

あまりにも咄嗟の出来事なのでどこかへ逃げられてしまったらせっかく家の子になってくれたのに大変だと思い、大ちゃんを捕まえようと必死で追いかけました。すると大ちゃんは家の周辺を三周した後は側に近寄って来てくれたので慌てて捕まえることができました。思わず胸を撫で下ろした私です。

その後、数日が経ち大ちゃんを抱っこして外に出てみました。今度は試しに大ちゃんをそっと下へ降ろそうとしたのです。すると両足を縮めてしまい、全く足を下へ降ろそうとはしないのです。いまだに全速力で家の周辺を走ってしまった大ちゃんのこの時の心境とは一体どのようなものであったのか、私には理解ができていません。

## ベランダでの、おんも（外）の見学

大ちゃんが家に来てくれて早三年が経ち三歳を迎えました。

大ちゃんも最近は親の話を聞きながら言葉を覚えていく人間の子と同じように、だいぶ私が話すお話の内容が分かるようになってきました。また、家の中の様子もほとんど把握することができています。

朝、私が洗濯物をベランダに干しに行くことは、ちゃんと分かっている大ちゃんです。いつものように「大ちゃん洗濯干しをやってきますよ」と、お話ししてから二階のベランダに行き洗濯物を干していました。そして五、六分、経った頃でしょうか。何か声が聞こえたような気がしたのです。私は急いで洗濯物を干し終えると、ドアの向こうから、「ニャーニャー」と言う大ちゃんの声がしました。大ちゃんは私を迎えにきてくれたのかと思い、ドア越しに「大ちゃんですか」と声をかけてみました。すると大ちゃんは「大ちゃんですよ」と、お返事をしてくれたのです。早速、ドアを開けると可愛い大ちゃんが待ってくれていました。私は、もう嬉しくなり、すぐに大ちゃんを抱っこして、ベランダに出て、二階からの、おんもの見学をすることにしました。

「あっちも大ちゃん家ですよ。ほら、〝とーと（鳥）〟が飛んでいますよ」と、お話ししてあげました。すると大ちゃんは私の話が分かるのでしょうか。お顔を少し振りながら目で鳥を追っているのです。大ちゃんはとてもお利口さんです。洗濯物を干している私を大ちゃんが迎えにきてくれているなんて思いもしませんでした。大ちゃんは私のことを気にかけてくれていることが分かります。

## 言葉の習得

最近はだいぶ言葉も覚え、大ちゃんが用事のある時には私のところまで言いにきてくれるようになりました。

例えば「大ちゃんは何ですか、ちいちのご飯を食べますか」という感じで聞いてみるのです。すると大ちゃんの思っていることと、私が大ちゃんに聞いたお話が一致した場合には大きな声でお返事をしてくれるのです。また、大ちゃんの思っていることと、私が大ちゃんに聞いたお話が一致しない場合には、お返事はありません。そこで他の質問をいくつかしているうちに、大きな声でお返事をしてくれる場合もあるのです。私の方も大ちゃんのお話を早く理解ができるように努めなければなりません。大ちゃんの方が私よりも言葉の習得が早いのです。

## 名前に対する理解力

大ちゃんという名前は弟の友人の福田さんに付けて頂きました。大ちゃんという名前のほかにもうひとつ、弟が付けた渡辺大太郎という名前もあります。従って、時には「大ちゃん」と呼び、また、その時々の気分に合わせて「大太郎ちゃん」や「大太郎さん」などと呼ぶ時もあります。いつの日か大ちゃんはどの名前で呼ばれても、ちゃんと理解をし、お返事をしてくれるようになりました。そして、その全てを大ちゃんの名前と思ってくれているのです。これも大ちゃんの幅広い理解力によるものと考えられます。

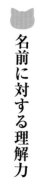

## 野良猫の血が騒ぐ

この頃は季節も巡り、ぽかぽか陽気が訪れて、こんなにも穏やかで暖かになりました。いよいよ今まで潜んでいた野良猫たちも行動範囲が広がり活発に動き出す季節がやって来たのです。家の前の庭を通り道にして行く猫たちを時々、見かけるようにもなりました。

ある日、私は何気なく網戸越しに外を眺めていたのです。するといかにも、ふてぶてしく年のいった赤虎の毛色の大きな猫が家の庭に入りこちらに向かって歩いてきたではありませんか。思わず私は「大ちゃん、〝にゃんこ〟が来たよ」と言って、大ちゃんを呼んでしまったのです。すると大ちゃんが外を見に来た途端に野良猫も大ちゃんに気付いたのか、網戸越しに大ちゃんをめがけて飛び付いてきたのです。野良猫も雄猫だった所為でしょうか。大ちゃんは急に興奮が高まり、その時、側に立っていた私のふくらはぎを両手で思い切りガリッとひっかいてしまい、ふくらはぎはたちまち血だらけになってしまいました。この時の大ちゃんは、思わず野良猫の血が騒いでしまったのでしょうか。その勢いはものすごかったです。それから、ふと大ちゃんも我に返ったのでしょう。私から、三メートルぐらい離れた所に避難し私の様子を窺うようにしてこちらを眺めているのです。私は大ちゃんに「痛いよ、血いっぱい出ちゃったよ」と言って話しかけました。すると大ちゃんは悪いことしちゃったというような表情を見せながら、血だらけになった私の足の方を見ては何か落ち着かない様子です。

その後、数日が過ぎた頃から夜七時頃になると、大ちゃんは寝室に敷いたお布団の上で枕をして体を休め、早く寝てしまうようになりました。このような状態がしばらく続き、どうしたんだろうと少し心配になりましたが、昼間は食欲もあり普通と変わりません。そのうち夜七時に寝ることもなくなりました。考えてみれば成り行きとはいえ、私のふくらはぎを思い切り血が出るほどにひっかいてしまったことで、大ちゃんはきっと心を痛めていたのではと思いましたが、とても精神力のある賢い子ですから、もう大丈夫。これで、一安心です。

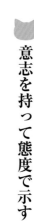

## 意志を持って態度で示す

私も二週間に二度ないし三度ぐらいは食料品の買い物や他の用足しに出かけなければなりません。ある日、一日目は食料品の買い出しに、二日目は他の用足しと、二日連続して出かけようと思い、大ちゃんに、「お留守番、頼むね」とお話ししました。すると突然、大ちゃんは私の足先めがけて噛み付く格好をして見せたのです。その時、私はすぐに、ピーンと大ちゃんの思いが分かりました。「大ちゃんは、一日は我慢して、お留守番しますよ、でも二日続けて出かけるのは大ちゃんは怒りますよ」と、私に自分の意志を示していることが分かりました。そんな大ちゃんの思いをもっと以前に理解ができていなければならなかった私は「大ちゃん、ごめん、ごめん」と謝っていました。

その後は二日続きでの外出はしないよう心がけることにしました。大ちゃんは本当に猫の姿ではありますが人間の子と同レベルの感情の備わった賢い子に思えます。家族に対して大ちゃん自身の意志、意見なりを示すというこの行為は、とても猫ちゃんとは思えません。今までの猫の概念を覆すほどの大ちゃんの高度な頭脳によるものと考えられます。いつも、いつも大ちゃんには驚かされるばかりです。

## 初めての、カニちゃん

大ちゃんは相変わらず夜八時頃になると、かずちゃんの帰宅を楽しみにして待っていてくれているのです。今日も弟は夜八時に帰宅しました。かずちゃんは帰宅するとすぐに「大ちゃん、カニちゃん買ってきたよ」と話しています。かずちゃんが買ってきたそれは、カニの缶詰でした。早速かずちゃんは「大ちゃん、カニちゃん食べますか」と話しかけています。大ちゃんは匂いを嗅ぎ付けたのでしょうか。お目目をまん丸にして、もう一生懸命です。

大ちゃんがカニを食べるのは今日が初めてです。いつもキャットフード以外の食べ物を食べる時に限って、かずちゃんの席の隣が大ちゃんの席になっています。大ちゃんは隣という言葉と、その意味についても理解をしているのです。私は「大ちゃん、お座りして待っててね」と話してあげました。大ちゃんはすぐに自分の席でお座りして、今か、今かと待っています。そしていよいよカニを目の前に置いてあげました。「大ちゃん、カニちゃんだよ、噛み噛みしてね」と、かずちゃんが話してあげています。大ちゃんは美味しいのがすぐに分かったのでしょう。脇目も振らずに食べ始めました。「大ちゃん噛み噛みした方が良いですよ」と話しかけるとまた、少しよく噛みながら食べ始めるのです。たちまち大ちゃんの茶碗の中は空になりました。すると、かずちゃんの顔を見ながら大ちゃんは、「ニャー」と言って、お代わりの催促をしています。もう美味しくて、美味しくて待ち切れない大ちゃんです。それから何度も、カニがなくなると、かずちゃんの顔を見ては、「ニャー」と言って催促をして、カニは、これで半分以上、食べてしまいました。「大ちゃん、もう、カニちゃんは、おしまいにした方が良いですよ。また明日にした方が良いですよ」とかずちゃんが話しています。大ちゃんのお腹はぽんぽんにふくれてしまいました。大ちゃんはカニちゃんが大好きになりました。

次の日の夜、八時になり、門のカチャッという音でかずちゃんの帰宅がすぐに分かったのでしょう。大ちゃんはドアの側で待っています。するとドアを開けるが早いか「大ちゃんは、カニちゃんですか」と話しかけています。大ちゃんは、またカニを食べられると思ったのでしょうか。カニちゃんのことは忘れません。いち早く大ちゃんの席にお座りをして待っています。

弟が二階の部屋から戻ってきました。早速カニを用意し、「大ちゃん、カニちゃん食べますか、噛み噛みしてね」と言って、大ちゃんの前にカニを置いてあげました。するとすぐに、カニを食べ始め、もう夢中で食べています。カニがなくなると、かずちゃんの顔を見ては、「ニャー」と言って、カニのお代わりの催促をしています。よほどカニがお気に入りで美味しかったのでしょうか。大ちゃんは全部食べてしまいました。それでもまだ食べたい様子です。「もう、カニちゃんはないよ、また買ってこないと食べられないよ」と大ちゃんに話しています。するとようやく諦めた大ちゃんでした。「また、カニちゃん買ってきてあげるからね」と言って、かずちゃんが話してあげています。

他にも大ちゃんの好物があります。それは猫の定番の食べ物とも言える鰹節です。弟は鰹節のことをカキカキという音を立てて鰹節を削る時の音にちなんで、「カキカキちいち」と言っています。美味しい鰹節を見付けた時には大ちゃんに買ってきてあげています。大ちゃんは、カキカキちいちという言葉は既に覚えてしまっています。大ちゃんは、さっぱりとした臭《くさ》みのないものがお好みなのです。これでカニちゃんも鰹節に続いて大ちゃんの大好物になってしまいました。

## 作り話に飽きる

弟の友人の福田さんから大ちゃんを貰って下さいと頼まれて家《うち》の子になってくれた時から、大ちゃんは人間の言葉しか聞かずに育ってきています。人間の言葉を大ちゃんの言葉として覚え、成長してきているのです。猫の言葉はまだよく分からないうちに親、きょうだいとお別れしてしまったので、理解ができていないように思うのです。

大ちゃんはすっかり家にも慣れ、少しずつ成長しながら人間の言葉もだいぶ分かるようになって来た頃、私はよくこんな作り話を大ちゃんに話して聞かせるようになりました。

大ちゃんの生まれは神奈川県の多摩川ですが、大ちゃんには東京生まれということにして話してあげます。なぜかと言えば弟が東京へ出かける時には、いつも「大ちゃん、東京へ行ってきますよ」と、お話ししてから出かけていたのです。東京の方角は自宅から見て南の方向になるので、いつも大ちゃんに「東京は、あっちの方ですよ」と言って指でさして私は方角を教えていたのです。大ちゃんは東京という言葉はよく覚えているので東京生まれということにしてあるのです。大した作り話ではないのですが、私が大ちゃんとお話をしたくなった時にはよく話して聞かせていたのです。

最初の言葉は、やはり「大ちゃん、ねえ」という呼びかけに始まり、「大ちゃんは東京の、おばちゃん家《ち》にいたんですよ。かずちゃんは、ブーブに乗ってね、東京のおばちゃん家まで大ちゃんを迎えに行ったんですよ。大ちゃん早く、ブーブに乗って、ブーブに乗って、早く、早くって、かずちゃんが言ったんですよ。そうしたらね。大ちゃんはすぐにね、ブーブに乗っちゃったんですよ。そしてね、かずちゃん家に来たんですよ」という感じで聞かせていたのです。大ちゃんは何度も何度も聞かされているうちに、もうお話の全てを完全に覚え込んでしまいました。そして、何度も聞かされて飽きてしまったのでしょうか。「またそのお話、もう聞いたよ」と大ちゃんには言われてしまったのです。その後は残念ながら、このお話はお蔵入りになってしまいました。大ちゃんは何事も一度で覚えてしまうほど覚えの良い子です。同じお話を何度も聞かされたのでは堪らないと思ったのでしょう。例えば人間の子が絵本を何度も読み返しているうちに全てを丸暗記してしまうのと同じように大ちゃんも頭の中に刻み込まれてしまい、最初の方のお話を少し聞かされただけで、ああ、あの、お話だとすぐに分かってしまうほど大ちゃんも覚えてしまっているのです。猫の次元としてはあり得ないほどの大ちゃんの人間業には私はもう驚きを隠せません。

## 大ちゃん、私を支える

私も十年に一度ぐらいは悲しくなり泣くこともあります。

ある日、私は寝ながら声を出さずに涙をぽろぽろ流しつつ泣いていました。すると何気なく近寄って来た大ちゃんですがすぐに私の涙に気付き、その様子を見守るような顔をして見てくれていました。それからはしばらくの間、私にそっと顔を寄せて離れようとはしないのです。大ちゃんは家族としての自覚を持ち私の心理状態を読み取りこのような行為に至ったのではと思います。大ちゃんの心からの慰めと愛情を感じずにはいられません。私の心の内を理解し支えてくれているのです。このことについては大ちゃんが私の様子を察したことによる行為として考えられるものでもあります。大ちゃんは愛情深く質の高い素晴らしい子なのです。

大ちゃん、ありがとう。大ちゃんは本当にかけ替えのない家族の、一員なのです。

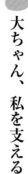

## あまりの嬉しさに思わず人間の言葉で、お返事を

大ちゃんはそろそろ四歳になります。とても溌剌とした可愛い子に育ってきています。言葉にもあまり不自由なく過ごせるようにもなってきました。

そこで弟は、パソコンで調べた猫のカレンダーのモデル募集に大ちゃんの写真を送り応募してみることになりました。それからしばらくすると合格の通知が送られて来たのです。それは、四千通以上の応募の中から、採用されたのは七十七通です。大ちゃんも採用されることになりました。合格のお礼として小さなカレンダー三冊と、キャットフードの詰め合わせが送られてきました。せっかく送っていただいたキャットフードなので大ちゃんに食べて貰うことになりました。

それから毎日そのキャットフードを食べているうちに、大ちゃんのおしっこがなかなか出てこなくなってしまい、普通の状態とは違うことに気付いたのです。すぐに食べていたキャットフードは塩分が多いことが分かり、慌ててペットクリニックに駆け込み先生に事情

を話しました。すると大ちゃんの病名は尿路結石と診断が下されたのです。

早速、治療に入りました。先生は「詰まっていますので通るような治療をします」と話され、細い棒状の治療器具を大ちゃんの尿管の先の小さな穴に差し込み治療が始まりました。それはそれは、痛く辛い治療に決まっています。しかしながら大ちゃんは、「ニャー」と一言も鳴かずに我慢してとうとう最後まで頑張り続けてしまったのです。先生もさすがに驚き「偉い、偉い」と大ちゃんの頭を撫でて下さいました。

それから毎日、私はしばらくの間、大ちゃんを車の助手席に乗せて治療に通うことになりました。大ちゃんはいつも助手席に座り大人しくしています。「大ちゃん早く、痛い、痛い治した方が良いですよ」と話しかけながら治療に通い続けました。家では病気が治るまで大ちゃんのご飯は先生から決められていたキャットフード以外は食べられない状態です。弟と私で食事をしていると大ちゃんも何か食べたくて、もう大変なのです。「大ちゃんは、痛い、痛いが治るまでは、ちいちのご飯で我慢してね。ごめん、ごめん」と私は話してあげるのです。するとと大ちゃんは、マントルピースの台の上にあがり、私とかずちゃんがご飯を食べている様子を眺めながら「大ちゃんには、ちいちのご飯しかくれないで、かずちゃんと、せっちゃん（私）は美味しいものを、いっぱい食べて」（この大ちゃんの話している内容については私が大ちゃんの思っていることを解釈したものとなっています）と文句をたらたら言いながら高みの見物が始まります。それも毎日、毎日、食事の時間になると台の上にあがり、大ちゃんは文句を言い始めるのです。私は「もう少しで、痛い、痛いが治るから大ちゃんは我慢してね」と話してあげています。かわいそうですが、ここは我々も我慢のしどころではないのかと考えるのです。大ちゃんに対しての治療は非常に痛みを伴うことになるわけですが、たとえどんなに痛くとも決して弱みを見せないという大ちゃんのこの強い精神力は、一体、どこから生まれくるものであろうかと、驚きを持って感じさせられてしまうほどです。

そしてようやく治療の甲斐があり「今日で終わりですよ」と先生に、お言葉を頂くことができました。本当に良かったです。とにかく、ものすごく痛くて堪らない治療であっても絶対に鳴くこともなく頑張り屋の大ちゃんはあっぱれです。幼い頃からの毎年の予防接種においても生涯に亘り、ただの一度たりとも鳴いたことはありません。よく、ここまで大ちゃんは頑張ったねと、つくづく思いました。

帰り道、車の助手席で大人しく座っている大ちゃんにご褒美をあげようと思い「大ちゃんデパートに行って大ちゃんの、カニちゃんを買って帰ろうね」と話しかけました。すると大ちゃんは、もう嬉しくて嬉しくて、先ほどまでの様子とはまるで違ってしまったのです。あまりの嬉しさに思わず大ちゃんは人間の言葉を使ってしまったのでしょうか。大きな声で、「ニャー」ではなくて、「う〜ん」と言ってお返事をしてしまいました。まるで小さな人間の子が大好物を買って貰える時の嬉しくて嬉しくて堪らない心情と全く同様の、それはそれは感情のこもったお返事をしてくれたのです。これには参りました。まだ四歳なのに、いつ人間の言葉を覚えたのでしょう。全く教えてもいないのに、こういう時には、こういうふうに、お話をすれば良いんだと、的確に言葉を理解していることが分かります。この時ほど大ちゃんに度肝を抜かれたことはありません。

考えてみると生まれてわずか二ヵ月ぐらいで家の子になってくれた大ちゃんですが、ほとんど毎日と言って良いぐらいに紐もしくは猫じゃらしを利用して遊びながら頭を使う訓練をしていたようなものです。それが功を奏したのではないのかと考えられます。もちろん、大ちゃんの持つ天性のものは大きいのですが、大ちゃんは本当に小さな時から一度覚えたことは忘れない子でした。小さい時に頭を使うことは知能の発達に役立つものと思います。日々の生活の中、幼い頃より誰に言われることなく人間の言葉を大ちゃんの言葉として大ちゃん自身、常にお勉強しながら正しく理解し、そして身に付けてきました。できることなら全く家族と同様に人の言葉でお話をしたいという大ちゃんの気持ちの表れでもあります。あまりの嬉しさに、「う〜ん」という人間の言葉を思わず話してしまったのです。それも、グッドタイミングで。このような大ちゃんの並外れた頭脳の素晴らしさ、あまりに上手な発音と感情のこもったお返事には感動すら覚えてしまうほどです。

大ちゃん尿路結石、快癒、本当に、おめでとう。

## 大ちゃんの、人見知り

大ちゃんが家に来て五年が経ち五歳を少し過ぎた頃のことです。大ちゃんも人並みに人見知りをするようになってきました。「大ちゃん、もうすぐよその、おじちゃんが来ますよ」

と話してあげると、もう大急ぎで隠れる算段を始めるのです。私はどこに隠れるのかと思い、そっと見ていました。すると大ちゃんは急いでさっと押し入れを開け、毛布の間にあっと言う間に入り込んでしまったのです。時には「よその、おばちゃんが来ますよ」と話してあげると、冷蔵庫の上にあがって高みの見物をすることもあります。人見知りは大ちゃんの性格の所為か、それともお年頃の所為でしょうか。どちらかと言うと大ちゃんの場合は性格の所為だと思います。従って来客のある時には事前にお話ししてあげているのです。大ちゃんは家族以外の方にはなかなか気を許すことはありません。少しでも触ろうとするものなら、もう大変です。「うー」と言って怒られてしまうのです。

## 大ちゃんの、愛情溢れる行為

夜、いつものように私は寝ていました。そして明け方頃になり、なぜか分かりませんがパッと目を開け目が覚めてしまったのです。すると寝ている私の顔の十センチぐらい上の辺りに大ちゃんの可愛いお顔があることに気付いたのです。私は驚きよく見てみると、大ちゃんは私の顔の真上に大ちゃんのお顔が来るようにしてお座りをしていたのです。大ちゃんは大きなお目目でじっと私の寝顔を見つめてくれていたのだと思いました。

例えば世のお父さん、お母さんたちは愛しい我が子の寝顔を、それこそ取って置きの笑顔でじ〜っと見つめている一時、恐らくこの上なき幸を噛み締めていることと思います。大ちゃんも、きっと家族の寝顔を見ながら安らぎ、そして幸を感じてくれていたのではと、そう思いました。私は、もう嬉しくて堪らなくなりました。こんなに幸なことはありません。大人の私にこんなことまでしてくれる大ちゃんには、もう感謝感激です。大ちゃんには家族としての自覚はもとより、家族に対しての愛情、溢れる思いの深さを感じずにはいられません。大ちゃんの思考については予想もつかないほどのものがあり、驚きを持って感じさせられてしまうのです。

大ちゃんと私との奇跡のような大切な人生の一ページ、大ちゃん、本当にありがとう。大ちゃんのこのような行為については、やはり人間の範疇にまで及ぶものではと考えます。

## 性の芽生え

最近の大ちゃんはいつの間にか毛布の上に座り、両手を交互に動かして毛布を揉むような行為をするようになりました。それを見ていた私は「大ちゃんは何しているの」と聞いてみましたが、人の話は聞いているのかいないのか、黙って両手を交互に動かし、なかなか手が止まりません。

私はいろいろと考えてみましたが、これは恐らく性の芽生えではと気付いたのです。そこで私は、この行為を、キッキーと名付けることにしました。そして私がごろ寝をしている時、いつの間にか大ちゃんは私の体の上にあがり、キッキーをやり始めてしまったのです。夜になり、私がお布団の中で休んでいると大ちゃんはすぐにお布団の上でキッキーをやり始めてしまうのです。ある時には私が寝ているお布団の上にあがり、大ちゃんは一晩中、キッキーに没頭してしまいました。私は足を使い、お布団を蹴飛ばして大ちゃんをどかそうとするのですが、蹴飛ばされても蹴飛ばされても大ちゃんは一晩中、キッキーを頑張り続けてしまいました。一晩中、キッキーに挑戦したのはこの日だけですが、大ちゃんは、キッキーが何よりも大好きになってしまったようです。

大ちゃんは幼い頃から紐などを利用し、「大ちゃん、お遊びしますか」と言って遊んで貰えるのを何よりも楽しみにしていたのですが、キッキーが始まってからは、すっかりお遊びの方は卒業してしまい、今度は毎日キッキーに一生懸命なのです。

大ちゃんは本当に小さな頃から人間との関わりが多く大ちゃんの両親ときょうだいとの生活は、たった二ヵ月間に過ぎませんでした。従って猫の言葉はよく覚えていないように思うのです。たまに家の周りに野良猫がやって来て、「ニャーニャー」と鳴いていることもありますが、大ちゃんは猫の言葉はよく分からない様子です。「大ちゃん、にゃんこは何て言ってるの」と聞いてみても何のお返事もありません。しかしながら大ちゃんは人間の言葉の方は、もう何不自由なく頭に入ってしまっています。人間の子が親の話を聞きながら自然に言葉を覚えていくようにして、大ちゃんもすっかり人間の言葉は覚えてしまっているのです。

大ちゃんはキッキーをする時にも、人のお話が分かります。まず大ちゃんは私の着用しているパジャマの袖のところを噛みながら両手を交互に動かして、キッキーをしていました。

私は少し、大ちゃんのキッキーの手助けをしてあげることにしたのです。それは大ちゃんがキッキーの体勢になった時に、私が左手を軽く握り細い穴を開けるようにしてあげるのです(交尾を疑似的に真似たもの)。私が手助けをしながら初めてキッキーをした時には、大ちゃんはどのようにしてくれているのかと疑問に思ったらしく、後ろを振り向きました。そして、その方法を大ちゃんは早速、見破ってしまったのです。最初は「なんだろう、これは」と思ったらしく、いつもと違うので不思議そうなお顔をしていたのですが、私の手を使ってしてくれているんだということを大ちゃんはすぐに理解をしてしまいました。

それからは、もう私の手を見ながら大ちゃんは、「ニャー」ではなくて人の言葉で、「うん」と言って「お手手でやって、やって」と私に指図をするようになってしまったのです。「大ちゃんは、キッキーが、お上手ですね」と言って褒めてあげると、ますますキッキーに一生懸命になってしまったのです。夜になると必ず大ちゃんは私のところに来て、「キッキーをやりますよ」と言いにきます。「大ちゃんは、キッキーですか」と言って聞いてみるのです。するとすぐに、お返事をしてしまいます。大ちゃんは、キッキーが、お気に入りで大好きですから、一日も休まず、キッキーのことは絶対に忘れません。人間の言葉を巧みに使いこなし、大ちゃんには、キッキーの指図までされてしまうのです。これについてもいつもながら驚嘆させられてしまうほどの有様です。

　大ちゃんには男性と女性との区別ができるので、弟が「大ちゃん、キッキーをやりますか」と言って声をかけてみても大ちゃんは嫌だと言って逃げてしまいます。かずちゃんとは絶対に、キッキーをすることはありません。猫にも春と秋に発情期が来るようですが、大ちゃんは猫ちゃんとしての自覚や心得なるものについては何ひとつ理解をしてはいないので春も秋もありません。キッキーは、もう大ちゃんの思いのままです。

## 大ちゃんの、日常生活

この頃、かずちゃんが朝食を済ませて会社に出かける時に、大ちゃんは玄関で、「かずちゃん会社、行ってきなちゃい」と言ってご挨拶もできるようになりました。最近は大ちゃんもだいぶ大きくなり、六歳になりました。かずちゃんが会社に出かけることもちゃんと理解を示してくれているのです。小さな頃のように、かずちゃんの後を追うようなこともありません。新たに、キッキーや他にもいくつかの楽しみが増えているので大ちゃんはもう大丈夫なのです。いつもお利口さんで、かずちゃんの帰宅を待っていてくれているのです。

昼間は健康のために少し日光浴も必要なので、私は「大ちゃん、おんもへ行きますか」と言って、大ちゃんを抱っこしてできるだけ毎日外に出ることにしています。すると大ちゃんは、お庭に咲いているお花の匂いに誘われ、可愛らしい仕草で香りを嗅いでいます。「大ちゃん、お花ちゃんの匂いはしますか」と言って話しかけるとすぐにお返事をしてくれます。大ちゃんは、お花ちゃんが大好きなのです。また抱っこの仕方が悪く大ちゃんが疲れるようですと、「もっと上手にできないの」と言われ、大ちゃんには叱られてしまう時もあります。

それからしばらくして、また外を見たくなった時には、「大ちゃんは、おんもを見ますよ」と言って、お話ししてくれます。そして今度は、お部屋の中から外を見せてあげるのです。大ちゃんは、クッションを敷いて貰い、お座りをしてしばらくの間、大人しく外の様子を眺めているのです。たまに野良猫ちゃんの姿を見かけた時に、私は「大ちゃん、にゃんこはいますか」と言って話しかけてみると、大ちゃんは後ろを振り向くようにして私の方を見ながら、「にゃんこはいますよ」と言って、お話をしてくれます。大ちゃんとは言葉が通じ合うことで良き私の話し相手にもなってくれているのです。これは大ちゃんとの、とても楽しい、一時なのです。

大ちゃん、いつも、ありがとう。

## 大嫌いな、お留守番

　大ちゃんは、十歳になりもう大きくなりましたが、お留守番は大嫌いです。今日、私は用事のために出かけなければなりません。そこで大ちゃんには、「お留守番を頼むね」と、お話ししました。私が車に乗って出かけることは大ちゃんも分かっています。大ちゃんも車に乗りたくて「大ちゃんも、ブーブに乗って行きますよ」と言って、何度も何度も一生懸命に頼むのです。それでも連れて行けない用事の時もあります。今日は「大ちゃん、ごめん、ごめん、お留守番、頼むね」と話しました。すると大ちゃんは最後は踏み台の下に入り込んでしまったのです。そして「大ちゃんは行かないよ、こんなに頼んでいるのに連れて行ってくれないなら大ちゃんは、もう行かないよ」と言って両手を真っ直ぐに伸ばし、私をどかすようにしてしまったのです。それでも私は「大ちゃん、ごめん、ごめん、お留守番、頼むね。早く帰ってきますよ」と言いながら、後ろ髪を引かれる思いではありますが出かけてしまいました。それから数時間後に帰宅して「大ちゃん帰ってきました」と言って挨拶をしながら家の中を見回してみたのです。大ちゃんはいましたが、あまり嬉しそうな感じではありませんでした。

そして私は、ふと床の間の掛け軸が目に留まりました。すると掛け軸が上から十三センチぐらいまで破かれていることに気付いたのです。あっと思い、大ちゃんの仕業だとすぐに分かったのですが、怒るわけにもいきませんでした。本当に大ちゃんは、お留守番が大嫌いなのです。大ちゃんは人間の子と同様の感情が備わっているために、置いていかれたことにかなりがっかりしてしまったのでしょう。怒りが沸々と沸き上がってしまい、とうとう掛け軸を破ることに考えが至ってしまったのだと思います。それに大ちゃんは運動能力にも長けているので掛け軸を破るぐらいのことは簡単なのです。

私の帰宅後、この大ちゃんの元気のなさは、大ちゃんがこんなに頼んでも大好きなブーブに乗せて貰えなかったこと、そして大嫌いなお留守番をさせられてしまったことで猛烈に怒りが込み上げてきてしまい、一気に掛け軸を破ってしまいはしたものの、大ちゃんは大変に賢い子ですので、その後自分の行ないに対しての自責の念に苛まれていたのではと思いました。私はかわいそうなことをしてしまったのではと思い「今度は大ちゃんも、ブーブに乗せてあげるからね。ごめん、ごめん」と話してあげました。大ちゃんの思考や行ないについては人間の子と同じレベルにまで達してしまっているのです。大ちゃんは人間の子と同様の感情を持ち、頭脳においても人間の子に勝るとも劣らないほどの希に見る素晴らしい子なのです。

## 大ちゃん、きれきれ（きれいにする）しますか

最近の普段の大ちゃんの生活は、小さな頃からとてもきれい好きな性格なので、朝、私がお布団を仕舞い終わる頃になると「大ちゃんは、きれきれしますよ」と言いにきます。「大ちゃんは、きれきれですか」と言って聞いてみます。するとすぐに、お返事をしてくれます。「大ちゃん、ちょっと待っててね」と言いながら櫛を用意します。最初に大ちゃんは私の方に向いていて、お座りをしてくれるのです。「大ちゃん、う〜ん、ってやってね」と言って話し

かけます。するとすぐに顎を上げて喉のところを梳かしやすいようにして待っていてくれます。まず顎、喉の順に梳かしてあげます。次は「大ちゃん、あっち向いてね」と言っているうちに大ちゃんは百八十度回転し、反対方向に向き直してお座りをしてくれます。それから大ちゃんの首の辺りを梳かしてあげます。そして背中を梳かし、お腹の方も梳かします。「大ちゃん、〝ぽんぽんち（お腹）〟も、きれきれしますか」と言いながら、今度は仰向けに寝かせて梳かしてあげますが、その時に少しでも毛が絡んで梳かす時に痛くされてしまうものなら大ちゃんはもう怒って、怒って大変です。大ちゃんが、怒って私の手に噛み付いてしまった時などには、「大ちゃん痛いよ」と言った途端に、もっと、力を入れて噛まれてしまうのです。私が痛いのはいいんです。でも大ちゃんの方は少しでも痛くされるのは嫌なのです。

ぽんぽんちの、きれきれも終わり、今度はお股も梳かします。「大ちゃん、お股も、きれきれしますか」と言って話しかけます。すると大ちゃんはすぐに、お返事をしてしまいます。それから尻尾を梳かしますが、大ちゃんの尻尾は太くて短く長毛なのです。従って、この時こそ気を付けて梳かさないことには毛が絡みやすい部分なので大変なのです。少しでも痛くされてしまうと大ちゃんはすぐに怒ります。尻尾を梳かして貰うのは大ちゃんは大嫌いです。最後は頭とお顔を少し梳かしてあげます。そして、「もう大ちゃん、きれきれは、おしまいにして良いですか」と言ってお伺いを立ててから、おしまいにしますが、まだ、もう少し梳かして貰いたい時には、「もっと、きれきれしますよ」と大ちゃんに言われてしまうのです。

大ちゃんの身支度は、きれいに整いました。「大ちゃん、きれきれしますか」は、これでおしまいです。

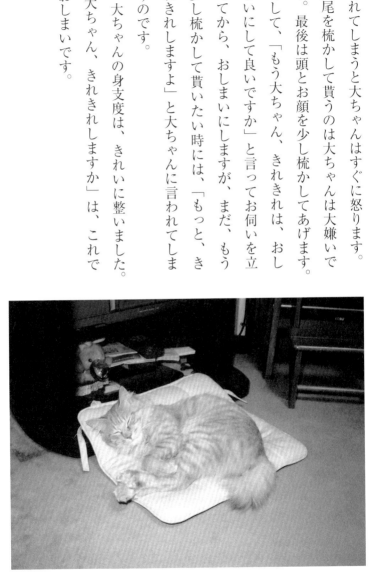

## 大ちゃんの、毛繕い

大ちゃんは幼い頃より、とても、きれい好きな性格です。毛繕いは毎日、時間をかけて丁寧にしています。まず大ちゃんは手を舐めながら唾液を付けて、お顔やお耳を数回擦り、きれいにしていきます。次は胸から、お腹、腰、お股そして背中の方まで、きれいにします。それから大ちゃんの尻尾は太くて短く長毛ですので毛を少しずつ均等に分けながら、きれいに巧みにこなします。手や足については指先を開いて爪の、ひとつひとつに至るまで、それはきれいになっていきます。「大ちゃんは、きれきれしてるの」と言って私は声をかけてみるのです。すると大ちゃんは忙しくても、ちゃんと、お返事をして応えてくれてしまいます。毛繕いひとつにしても頭を使っていることが分かります。最後は側にいる私の顔の方までついでにきれいにしてくれるのです。いつも毛繕いは、もう一生縣命です。

## 意志を持って行動する

大ちゃんはとても食いしんぼうな子です。一日に何度もご飯（キャットフード）を食べてしまうのです。例えば大ちゃんの茶碗の中にご飯が入っていない時などには、私を呼びに来てくれますが、呼びに来てもあえて大ちゃんの後についていては行かないのです。すると大ちゃんは後ろを振り返り、再び私を呼びに来ます。その時には「大ちゃん何ですか」と言いながら、今度は後をついて行きますと、大ちゃんはご飯の置かれている場所まで案内をしてくれるのです。そして大ちゃんは、「〝ちゃんちゃん（茶碗）〟の中に、ちいちのご飯を入れてね」と言って、お話ししてくれます。また、たまに大ちゃん用のトイレのお掃除が済んでいない時にも、大ちゃんは私を呼びに来ます。呼ばれても大ちゃんの後についていては行きません。すると後について来ないのがすぐに分かるのでしょうか。後ろを振り返り、もう一度、私を呼びに来てくれる大ちゃんの後に今度はついて行きますと、そこにはトイレの砂が盛り上がり、まだお掃除ができていなかったのです。大ちゃんは、トイレの砂の盛り上がっているところを見ながら、ニャーではなくて人の言葉で、「うん」と言って、「きれきれしてないよ」と大ちゃんに指摘をされてしまうのです。「ごめん、ごめん、大ちゃん今きれきれしてあげます」と言いながら、お掃除を済ませます。そして、「トイレの砂を入れますか」と聞いてみるのです。すると大ちゃんは、「トイレの砂を入れてね」と、お話ししてくれます。そしてきれいになったトイレで大ちゃんは、おしっこを済ませます。大ちゃんは、とてもきれい好きな子なのです。

それから、私がトイレに入っている時にはトイレのドアの前で大ちゃんは私が出て来るのをちゃんと待っていてくれます。これは大ちゃんの気が利いて優しさが兼ね備わっているところだと感じます。それを見かけた弟が「大ちゃんは何してるの。待ってるの」と声をかけると、大ちゃんはお返事をして応えています。そして私も「大ちゃんは迎えに来てくれたの」「待っててくれたの」などと聞いてみるのです。すると大ちゃんはちゃんとお返事して応えてくれます。

大ちゃんは何か用事のある時には私を呼びにきてくれます。そして用事がある場所まで、きちんと案内をしてくれるのです。大ちゃんには物事に対する指摘までされてしまいます。

以前、テレビの番組で猫についてのお話がありましたが、その中で、大ちゃんのように人を呼びに来たりする猫は希なのですというお話を聞いたことがありますが、大ちゃんのこれまでの思考や行動の仕方については、日々の生活を通して大ちゃん自身で身に付けた成果ともいえるのではないかと考えられます。

大ちゃんは、いつも物事に対し、どのように対処したら解決ができるのかまで考えて行動しているのです。大ちゃんにも人間と同様の考え方や判断が自然にできているものと思われます。大ちゃんは私のことを思ってトイレの前で待っていてくれるのです。人のことを思っての行為とは人間の行ないです。

## かくれんぼうと追いかけっこをして遊ぶ

私は時々、大ちゃんと一緒に遊ぶことがあります。二人で何をして遊ぶのかというと、子供たちの定番の遊びのかくれんぼうをします。まずはかくれんぼうの遊び方を説明しなければなりません。初めて大ちゃんとかくれんぼうをした時、私は遊び方を大ちゃんに教えてあげました。すると話の内容は全て理解をしてくれました。説明して貰えなかったところについては私の遊び方を見ながら、それを手本に大ちゃんは把握してしまうのです。一を聞いて十を知る、という諺がありますが、大ちゃんには八を聞いて十を知るが当てはまるのです。具体的に話しますと、まず大ちゃんが先に隠れます。その時に私は大ちゃんがちゃんと隠れるまで待っていて、それから探しに行きます。大ちゃんには相手が隠れるまでの少しの間、待つということをあえて教えてはいないのですが、大ちゃんはこの時点において、私がすぐに探しに来ないので、ああ、大ちゃんが隠れるまで待ってくれているんだということを大ちゃん自身で、ちゃんと理解ができてしまうのです。次に私が隠れる時には大ちゃんもすぐに探しには来ません。ちゃんと私が隠れるまで待ってくれています。そして私が、「もう良いよ」と声をかけてあげると、それから探しに来てくれます。大ちゃんは人の行動や、お話を見たり聞いたりしているだけで物事を把握し理解ができてしまうのです。このような頭の使い方については普通の猫ちゃんでは、とても及ばない大ちゃんの優れた頭脳の働きによるものと考えます。そして私がカーテンの後ろに隠れていると大ちゃんは私が隠れているカーテンの所をめがけて飛び付いてきて、見付けてしまいます。次に、また大ちゃんが隠れる番になると、大ちゃんが隠れた直後に今度は大ちゃんも、「もう良いよ」と言って声をかけてくれるのです。この、「もう良いよ」の言葉については、「ニャ〜」と言って発音をしてはいますが大ちゃんは猫語が分からないので、大ちゃんの頭の中では人の言葉で、「もう良いよ」と言ってくれているのです。本当に大ちゃんは人の行動や、お話を見たり聞いたりしながら正しく物事の理解ができてしまうのです。大ちゃんの人間の言葉に対する理解力については我々の想像を超えるほどのものがあるのです。

それだけではありません。相手の行動を見ながら何事も絶対に見逃すことなく考えを巡らせているのです。人間の子でも、ここまで物事を一度で理解する子は少ないと思います。人間の幼い子などは相手が隠れてもいないのに何も考えずにすぐに探しに来てしまうこともあります。大ちゃんは人間の子と比較してみても小さな頭ではありますが、よくぞ、ここまで、頭が働くものだと本当にビックリです。大ちゃんの、このような頭の使い方については人間の子よりも決して劣っているとは思えません。むしろ人間の子より勝っているのではないのでしょうか。知り合いの方に大ちゃんとのかくれんぼうのお話を聞いて頂いた時には、とてもビックリされた様子でした。「猫が普通はかくれんぼうなんかできないよ」とおっしゃっていました。

他にも大ちゃんとは追いかけっこもして遊びます。まず私が先に大ちゃんを追いかけると次に大ちゃんは私の方をめがけて追いかけて来てくれます。この追いかけっこの遊びについてもただ、「大ちゃん、追いかけっこをしますか」と言っただけですが、私が大ちゃんを追いかけると、大ちゃんも私をすぐに追いかけてきてくれたのです。大ちゃんの方がとても駆け足が速いので私は少し大変です。大ちゃんは何事もすぐに理解ができてしまうのです。大ちゃんの頭脳は素晴らしいです。

## 家の、お手伝いをする

いつものように弟は夜八時に会社から帰宅します。相変わらず大ちゃんは、かずちゃんの帰りを楽しみにして待っていてくれています。ところが最近お遊びの方は卒業してしまい、キッキーの方に一生懸命なのです。かずちゃんにお遊びのおねだりはもうしません。弟は帰宅後、すぐに二階の部屋まで着替えをしにいきます。そこで大ちゃんには、かずちゃんを呼んできて貰えるように、お手伝いをお願いするのです。「大ちゃん、二階へ行って、かずちゃんに、ちいちのご飯ですよ、早く、おんりして来なちゃいって言って来てね」と話しかけます。すると大ちゃんは「大ちゃんが呼んで来るの」とか何とか言いながら少しは文句を言うのですが、それでもすぐに二階まで上がり、かずちゃんのお部屋のドアの前で、かずちゃんが出てきてくれるまで大ちゃんは何度も、何度も呼んでいるのです。かずちゃんは大ちゃんが呼びに来てくれていることが分かると、大ちゃんを抱っこしながら今度は二人で二階から下りてきてくれます。私は「大ちゃん、ありがとうね」と言って声をかけてあげます。

人間の子が家のお手伝いをするのと全く同じように、少しは大ちゃんもお手伝いをしてくれます。これも普通ではとても考えられないことではありますが、大ちゃんにとってはこれが普通なのです。普段の会話はごく自然に正しく理解ができているからこそ、お手伝いまででできてしまうのです。大ちゃんは幼い頃から猫の言葉もよく分からないうちに家《うち》の子になり、それからはほとんど人間の言葉しか聞かずに育って来ました。従って人間の子が親の話を聞きながらきわめて自然に言葉を覚えてしまうのと同様に大ちゃんも言葉を覚えてしまいました。すなわち人間の言葉が大ちゃんの言葉なのです。

このように大ちゃんは家のお手伝いまでできてしまうのです。私の方も普通に用事を頼むような感じで大ちゃんにもお願いをしているのです。ちゃんと二階のかずちゃんのお部屋も覚えているので、ドアの前でかずちゃんが出てきてくれるまで呼び続け用事を果たしてくれているのです。人の言葉には不自由しない大ちゃんです。そのうえとても良い子の大ちゃんですから、これくらいのお手伝いは楽々こなすことができてしまいます。大ちゃんは家族としての自覚はもとより大ちゃんの役割もちゃんと心得ているのだと思います。

大ちゃん、いつも本当にありがとう。

## 可愛らしい仕草・表情を見せる

いつも食事の時には大ちゃんの座る席は、ちゃんと決まっています。かずちゃんの隣が大ちゃんの席になっているのです。大ちゃんはキャットフード以外の食べ物、例えば大好物のカニや美味しい鰹節などを食べたい時には、私やかずちゃんに言われなくても大ちゃんの席にちゃんとお座りをして待ってくれています。「大ちゃんは、カニちゃんですか、カキカキちいちですか」と聞いてみます。するとちゃんとお話ししてくれます。それから私は大ちゃんの茶碗を持ってきます。そして茶碗を見せながら「大ちゃんの、ちゃんちゃんですか」と言って聞いているうちに、大ちゃんは「大ちゃんの、ちゃんちゃんだ」と言って、もう一生懸命なのです。

それからたまに大ちゃんは、こんなにも可愛らしい表情まで見せてくれる時があります。それは人間の小さな子が両親の間に挟まれて座っている時に、両親の顔を下から見上げるようにして、お父さんやお母さんを見たりする可愛らしい表情を見せてくれることがありますが、大ちゃんも正にこれと全く同じ表情を見せてくれています。食事の時に弟と私は大ちゃんを挟んで座ります。この時、大ちゃんは「茶碗の中にちいちを入れてくれるのは、どっちかなぁ、かずちゃんかな、せっちゃんかな」と思いながら、大ちゃんは二人の顔を交互に見上げるようにして、それはそれは可愛らしい表情を見せてくれます。まるで本当の親子のようにさえ見えてしまうほどなのです。家では家族の呼び名を大ちゃん、かずちゃん、せっちゃんというようにちゃん付けで呼んでいますが、大ちゃんもそれを覚えてしまっているのです。このような、まるで人間の子と見まがうばかりの仕草や表情は、幼い頃より人と同じ環境に置かれ、人の言葉で育てられたために大ちゃんは、人間と一緒に生活を送る中で自然に身に付けていったものと思います。大ちゃんは、とても表情の豊かな可愛らしい子なのです。

## おやすみのご挨拶

夜、就寝前にかずちゃんは大ちゃんに、おやすみの挨拶をしています。そして大ちゃんも、かずちゃんにはおやすみの挨拶をしてくれているのです。私は、「かずちゃんに、おやすみは言ったの」と大ちゃんに聞いてみるのです。すると、「かずちゃんに、おやすみは言ったよ」と、お話ししてくれます。次は弟にも聞いてみると「大ちゃんは、おやすみを言ってくれたよ」と話してくれます。大ちゃんは人間の子と同じレベルの生活が身に付いてしまっているのです。そして、おやすみという言葉を就寝前のご挨拶としてちゃんと理解をしてくれています。大ちゃんは幼い頃より家族として生活し、誰に言われることなく人の言葉を学び身に付け、そして様々な家族としての在り方にまで理解の及ぶ中で、おやすみの挨拶についてもごく自然にできているものと考えられます。

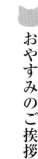

## 怒りを表現

それは、ある温かい日の出来事です。私は家のすぐ前の公園で見付けた白い毛色の子猫ちゃんを抱いて家の中に連れて来ました。すると大ちゃんは私の抱いている子猫ちゃんを見るなり、それはそれは大変な事態が繰り広げられてしまったのです。

私は座りながら白い毛色の子猫ちゃんを抱っこしていました。その時です。もう大ちゃんは怒って、怒って大変です。私が座っているところより少し離れたところで大ちゃんは前進したり後退したりする動作を、それも文句をたらたらと言いながら何度も何度も繰り返すのです。そしてようやく文句を言うのがおさまるのかと思っていると、今度はテレビの上にあがって今までに聞いたことがないほどの低い声でものすごい唸り声を出し怒り始めたのです。これはただごとではないと思いました。それからすぐに私は「大ちゃん、ごめん、ごめん」と謝りながら、「ちびにゃんこは、おんもに置いてくるから怒んない方が良いですよ。ごめん、ごめん」と言って子猫ちゃんを外に出しに行きました。元々、大ちゃんは怒りんぼうな子ですが、今回の騒動には本当に驚きました。とても焼き餅焼きの大ちゃんで、家族の愛情を、一身に独り占めしたい子なんだねと、つくづく思いました。

大ちゃんのこのような怒りの表現の仕方について考えてみるのですが、前進したり後退したりしながら、それこそ文句をたらたらと言いながら大ちゃんの思いを口に出し怒りを表現しているという、このような事態はとても猫ちゃんの行為として信じ難いものでした。大ちゃんの場合には人間の言葉しか理解ができていないのです。大ちゃんの頭の中では全て人間の言葉を使い、不平不満を言っているのです。大ちゃんは正に人間そのものなのです。本当に驚きです。このような事態に及ぶとは全く想定もしていなかった私でしたが、大ちゃんにとっては非常事態に相当し大変に残念なことであり、とてもがっかりして怒りが頂点に達してしまい、とうとう最大級の怒りの表現に至ってしまったのではないのかと私には理解ができます。大ちゃんの性質や我々に対する思いも考えずに迂闊な行動を取ってしまった私は「大ちゃん本当に、ごめんなさい」という謝罪の念で、いっぱいです。

## 物を見る時の素晴らしい方法

大ちゃんは健康管理も兼ねてですが、一年に一、二度は掛かりつけの獣医師さんのペットクリニックでお世話になっています。「大ちゃん、今日は先生のところに行きますよ」と話してあげると、大ちゃんはもう気が重くなってしまうようなのです。それと言うのも以前に尿路結石という思わぬ病気に罹ってしまい、かなり痛い思いをしているので先生のところへは行きたくないのです。それでも大ちゃんは、ブーブに乗るのが大好きですから「大ちゃん、ブーブに乗りますか」と言って乗せてしまいます。

ペットクリニックでは、先生はまず体重を量って下さいます。その後は予防接種をして頂きますが、大ちゃんは絶対に痛くても鳴かないのです。そして先生の方を見ながら大ちゃんは大きなお目目をさらに大きくして、先生から絶対に目を逸らそうとはしないのです。すると先生に「大ちゃんはすごい。目は絶対に逸らさないね。大ちゃんはすごい」と言われ驚かれてしまうのです。

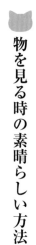

とにかく、大ちゃんの目はとても大きく、まん丸で何かを見る時には大きなお目目をさらに大きく開き、一点に集中し、じっと見ているのです。そして絶対に、そこから目を離さないのです。大ちゃんの飲み込まれるような、あの目の力には何か圧倒されるものがあるのです。先生にも驚かれてしまうほどですから。また恐らく、このように一点に集中し、じっと見ることにより、大ちゃんの抜群の記憶力は身に付いたのだと思います。しかも長期間に亘り記憶を残すためのひとつの方法なのだと考えられます。それは大ちゃんの幼い頃からの物を見る仕方により生み出された素晴らしい能力なのです。大ちゃんは物事を一度でちゃんと覚えてしまうのです。そして何事も決して忘れることはないのです。しかも、一年前の出来事でさえも記憶に正しく留めているのです。私が大ちゃんに学ばされてしまうのですから。大ちゃんは一点に集中して物を見ることにより頭の中に映像が焼き付けられてしまい、確実に記憶として残せることになるのだと考えられます。大ちゃんの驚くべき記憶力の良さにはただただただ、すごいとしか表現の仕様がありません。

大ちゃんの大きなお目目は時々、塵が入ってしまうことがあるので、ペットクリニックでは目薬と、予約していたキャットフードも購入します。大ちゃんのご機嫌が希に良好な時には最後に「先生、バイバイね」のご挨拶までして帰ってきます。大ちゃんは、とてもお利口さんです。

そして帰りの車に乗り、いよいよ大ちゃん家《ち》に近付いて来たので、「もうすぐ大ちゃん家ですよ」と言って話しかけてあげると、大ちゃんは車のドア越しの景色を眺めながら大ちゃん家を探すかのようにして体を乗り出し、もう一生懸命です。大ちゃんは大ちゃん家が大好きなのです。

## のんのちゃん（仏様）が恐い

今度は大ちゃんの珍しい様子のお話です。我が家には仏壇があります。たまにではありますが大ちゃんも仏壇の前に行くことがあるので仏壇の中の様子も知っています。大ちゃんにとっては何か仏壇の中の位牌などが、とても恐く感じられるようなのです。仏壇の中には、〝のんのちゃん（仏様）〟がいると思っているのです。私はある時、大ちゃんに、お話しをしてあげました。それはこんなお話です。

「大ちゃん、のんのちゃん家《ち》は行かない方が良いですよ、のんのちゃん家へ行くと、ねえ、ちいちも食べさせて貰えないよ」「大ちゃんは、キッキーをやりますよって言っても、キッキーは、やってあげないよって言われちゃうよ」「大ちゃん、のんのちゃん家に連れて行かれちゃったらね、もう大ちゃんは、お家に帰って来られなくなっちゃうよ。大ちゃんは、お家に帰りますよって言っても、だめですよって、のんのちゃんに言われちゃうよ、のんのちゃん家は、ねえ、遠い所だから、もう大ちゃん家に帰って来られなくなっちゃうよ」と、お話をしているうちに大ちゃんは全身を、ぶるぶると震わせてしまいました。それもものすごい震え方なのです。私は大ちゃんの様子に驚愕させられてしまいました。大ちゃんには私の話した内容が、ちゃんと通じていたんだと思い、あまりの大ちゃんの恐がりように、大変かわいそうなことをしてしまったのではと思いました。そこで私は「大ちゃん、のんのちゃんが来ても大丈夫ですよ、のんのちゃんが来たら、ねえ、だめですよ、大ちゃんは、のんのちゃん家は行かないよって言ってあげるから大丈夫ですよ」と話してあげたのです。すると大ちゃんの震えがようやく止まったのです。まさかこんなに震えるほど、恐がられてしまうとは思いもしませんでした。

恐らく大ちゃんからしてみると、以前から仏壇の中の位牌などが、とても恐く感じられていたようなのです。そこへ持ってきて、のんのちゃん家のお話を聞かされてしまい、大ちゃんは大変に頭の働く子ですので想像が膨らんでしまい、ものすごい恐怖心に襲われ、震えまできてしまったのではないかと思います。この時には本当にかわいそうなことをしてしまったのではと、つくづく思っています。例えば人間の幼い子に同じようなお話をした場合にでも恐がられてしまうのではないでしょうか。大ちゃんにも人間の子と同様の意識や感情が備わっているのではとしか思えないほどです。私の話した内容が大ちゃんには、ストレートに通じてしまい、少し長めのお話であっても、ちゃんと理解ができてしまいます。この事実には本当に驚きます。

## 大ちゃん、目ぐちゃん（目薬）付けますか

大ちゃんは目が疲れてしまうのでしょうか。それとも塵が目に入ったのでしょうか。大ちゃんの様子が少しおかしいのです。すぐに気付いた私は「大ちゃん、どうしたの、お目目、痛い痛いですか」と聞いてみましたが、塵が入っている状態でもなさそうなのです。そこで目薬のことを思い出し「大ちゃん、〝目ぐちゃん（目薬）〟付けますか」と話しかけながら目薬をさしてあげました。その後、大ちゃんに、「お目目、痛い痛い治ったの」と聞いてみたのです。するとすぐに、お返事をしてくれました。

大ちゃんの目は大きなお目目です。以前にも少し目脂や目を擦るような症状があったので目薬をペットクリニックで頂いてこようと思っていました。私は大ちゃんに、「お目目、痛いよってなったら、目ぐちゃん付けた方が良いですよ」と話してあげました。それからは目の調子が悪い時には大ちゃんの方から、「目ぐちゃん付けて、目ぐちゃん付けて」と言ってくれるようになったのです。目ぐちゃんのこともすぐに覚えてしまい、目薬をさすと目が治るということもちゃんと理解をしているのです。それと言うのも以前に尿路結石を患い、だいぶ痛い思いはしましたが、その時に「治る」ということを大ちゃんは、ちゃんと学んでいるのです。目薬をさすことにより目の不調を表す症状から解放され、大ちゃん自身で治ったという自覚が持てるからこそ大ちゃんの方から、「目ぐちゃん付けて」と言いにきてくれる理由が、ここにあるのです。このようなところが大ちゃんの並外れた頭脳の素晴らしさであると考えます。日常のことは人間の言葉を普通に理解ができているからこそそのことなのです。

大ちゃんは人間と同等の頭脳を備わり生まれてきたようです。何と言っても大ちゃんは治るという、この事実を理解しているのですから。ちなみに大ちゃんの目は幼い頃の、青みがかったエメラルド色から茶色に変化しています。

# 大ちゃんの、日常生活

## 一

二〇〇二年十一月のことです。大ちゃんは十歳を迎えて今年も寒い冬に突入しました。我が家では寒さ対策としてこたつを使います。大ちゃんが家の子になってくれた時からこたつが大好きなのです。すぐにこたつのことは覚えてしまい、こたつの中は暖かいこともよく知っています。大ちゃんはこたつの中でしばらくの間、暖まっているうちに体が熱くなってしまうようなのです。すると大ちゃんはこたつから出てきてしまうので、その時に私は「大ちゃん熱くなっちゃったの」と言って声をかけると、大ちゃんはお返事をしながら今度はこたつの外に出て涼んでいるのです。これも大ちゃんの日常です。また、食事の時に大ちゃんは私に抱っこをして貰いながら、大ちゃんの食べられそうな物を食べさせて貰います。小さな子がいる、お宅ではよく見られるような光景ではないでしょうか。大ちゃんは家族の皆と一緒にご飯を食べたいのです。これも大ちゃんの楽しみのひとつになっているのです。

我が家では少し気温が寒くなり始めた頃には、最初にホットカーペットの方を使います。ホットカーペットは電気のスイッチをパチンと入れることで暖かくなるのは大ちゃんも知っているのです。それから時々、大ちゃんはテレビの後ろに入り込んでしまうことがあります。電気コードなどがたくさん置かれているために危険ですから私は「大ちゃん電気は危ない、危ない、〝あっちっち（熱いこと）〟になっちゃうよ」と話してあげるのです。すると慌てて、テレビの後ろから出てきてしまいます。大ちゃんは電気やこたつ、ホットカーペットなどの名前も正しく覚えています。

## 二

大ちゃんは夜、キッキーをしている時に首の辺りが痒くなってしまうことがあります。すると大ちゃんは、もう、一生懸命に掻き始めるのです。私は「大ちゃん掻き掻きしますか」と言いながら、今度は私が掻いてあげるのです。そしてしばらく掻いてあげてから、「大ちゃん、もう掻き掻きは、おしまいにして良いですか」と聞いてみるのですが、大ちゃんには、「もっとやって」と言われてしまいます。私が、「もっとやるの」と言うと、大ちゃんには、「やる」とお返事をされてしまいます。

たまに大ちゃんもお風呂に入るのですが、その時には「大ちゃん、お風呂に入りますか。お風呂に入って、きれきれしますか」と言って声をかけてみるのです。すると、大きなお目目をまん丸にしながら大きな声で「大ちゃんは、お風呂に入りますよ」と応えてくれます。そして大ちゃんは、お風呂に入れて貰い、ドライヤーで毛を乾かして貰い、きれいになったところで「大ちゃん、痒い痒いは治ったの、臭《くさ》い臭いも治ったの」と聞いてみるのです。すると大きな声で、お返事をしてくれます。「大ちゃん気持ち良いね」と声をかけるとまたお返事をして応えてくれるのです。お風呂に入ることできれいになり、痒みや臭《にお》いもなくなるという効用まで大ちゃんには、ちゃんと理解ができているのです。大ちゃんはとてもきれい好きな子ですので、お風呂は嫌がりません。

三

大ちゃんは回覧板のことも知っています。回覧が回って来た時に、私は「大ちゃんも回覧板を持って隣の、おばちゃん家《ち》まで行ってくれますか」と言って、大ちゃんにお伺いを立ててみるのです。するとすぐに「回覧板は持って行かないよ、大ちゃんは」と言われ、お断りをされてしまうのです。大ちゃんは何事も自分自身で考え、意志をはっきりと表現することができるのです。大ちゃんは回覧板を持って行くのは嫌いです。このような日常のことも大ちゃんは知っているのです。

四

最近の大ちゃんは車でお出かけする時には、かずちゃんに抱っこをして貰いながら大人しく外の様子を眺めているのですが、そのうちに大ちゃんは車の中を伝い歩きをしながら、今度は運転をしている私の方に来ようとするのです。「大ちゃんは、せっちゃんの方に行きますよ」と言いながら、かずちゃんの手から逃れてしまうのです。「大ちゃん危ないよ、せっちゃんは運転しているんだから大ちゃん、だめですよ」と言われ、かずちゃんに捕まえられてしまうのです。この頃は運転をしている私の方に大ちゃんは行きたくなってしまうようなのです。「大ちゃん危ないよ」と注意を受けると、危ないと言われている意味は大ちゃんにもちゃんと理解ができるので、それからは、かずちゃんに抱っこをして貰い今度は大人しくしてくれています。大ちゃんは何をしている時にでもいろいろと考えているのです。

## 五

大ちゃんは明け方頃になると、ちいちのご飯を食べたくなってしまうのです。その時には私を起こしに来るのですが、私の頬の辺りを大ちゃんは優しくお手手でポンポンと叩いて「大ちゃんは、ちいちのご飯を食べますよ」と言いながら起こすのです。私は「大ちゃん何ですか。ちいちのご飯ですか」と言って話しかけます。すると大ちゃんの食事をする席で、ちゃんとお座りをして待ってくれているのです。そして大ちゃんは、「ちいちのご飯を入れてね（茶碗の中に入れること）」と言って、お話ししてくれます。大ちゃんが私を起こす時には手の力の加減をちゃんと考え、頬の辺りを叩いていることが私にはよく分かります。相手のことも考慮したうえで物事を判断することができているのだと思います。

## 大ちゃんの、突然の抱っこに、ビックリ

大ちゃんは冬になると、こんなこともします。それは抱っこです。幼い子が母親の方に向いて抱っこをしている姿はよく思い浮かぶのですが、一度か二度ぐらいは大ちゃんにも私の方に向かせて抱っこをして、毛布をかけてあげたことがあります。そして一年が経ち、また冬がやってきました。するとどうでしょう。大ちゃんは、一年前の冬にして貰ったことを覚えていたのでしょうか。私は座椅子のような椅子に腰かけていたのですが、いきなり大ちゃ

んが私の側に寄って来て私の肩の辺りに手をかけながら私の方に向いて左足、右足の順に膝の上にあがり大ちゃんは抱っこをしてしまったのです。大ちゃんが私の体に手をかけた時には「何だろう、これは」と思い、一瞬驚きましたが、思い起こせば一年前の冬、私の方に向かされ毛布をかけてあげた抱っこがどんなにか大ちゃんにとって心地良く、そして忘れられないことであったのかと、その時のことを私は思い出しました。それはそれは驚いてしまいました。側にいた弟は、「オー、すごい」と言って思わず声が出てしまったほどです。

「大ちゃんは抱っこですか」と話しかけると、お返事をしてくれたので慌てて毛布を弟に持ってきて貰い、大ちゃんにかけてあげました。すると、とても気持ち良さそうにして大ちゃんは大人しく抱っこをしてくれているのです。大ちゃんは抱っこが大好きですから、一年前に、たった一度か二度ぐらいしかして貰わなかったことにもかかわらず、ちゃんと記憶に留めていたのです。これには私も弟も大変、驚かされてしまいました。

考えてみると、大抵の猫ちゃんたちは人の膝の上にあがりただじっとしている姿はよく思い浮かびますが、大ちゃんは小さな子が抱っこをする時と全く同じ方法で私に抱っこをしてしまったのです。大ちゃんは正に、猫ではなくて人間の子そのものではないのかと目を疑うほどの有様です。本当にこの時は、思わず、何だろう、これは何が始まるのだろうと思い、驚嘆させられてしまいました。大ちゃんは常に考えを巡らせながら行動しているのです。それから大ちゃんの抜群の記憶力については目を見張るほどのものがあるのです。大ちゃんは何よりも抱っこが大好きなのです。

## 大ちゃんと私との、感情の、キャッチボール

時々、大ちゃんと私はこんなことをして遊んでいます。それは大ちゃんと私との感情のキャッチボールです。感情のキャッチボールとは、まず私が大ちゃんの名前を感情を込めて「大ちゃ~ん」と呼びます。すると今度は大ちゃんが私の感情を受け取り非常に早口で私に向けて、「ニャンニャンニャンニャンニャンニャン」と言って、それは何とも可愛らしい、お返事が返ってくるのです。大ちゃんと私は、これを交互に二回か三回、繰り返すのです。それは

それは楽しい大ちゃんと私との感情のキャッチボールなのです。この感情のキャッチボールについても私は何も教えたわけではありません。とにかく大ちゃんが大好きで恋しくて仕方がない気持ちで「大ちゃ〜ん」と名前を呼んだのです。するとと、大ちゃんはその呼びかけにすぐにこの私の感情を汲み取って応えてくれたのだと考えられます。そして、このような楽しい大ちゃんと私との感情の、キャッチボールが誕生したのです。大ちゃんは希に見るほどに賢く何事も即座に考え出せる能力により、そこで物事の対応が可能になるのです。大ちゃんがいてくれるお陰で非常に生活が楽しく、また心豊かに過ごせるのです。

大ちゃんは打てば響く感情豊かな素晴らしい子なのです。大ちゃんは何も教えて貰わなくとも人の感情を、ちゃんと受け止め、それをちゃんと返してくれるのです。

## 人間の言葉に対する理解力と自在な使いこなし

大ちゃんは「大ちゃ〜ん」と名前を呼ばれてしまうと、キッキーもしたくなってしまいます。最近の大ちゃんのキッキーの様子ですが、人間の言葉を自在に使いこなしながらキッキーをしています。とにかく大ちゃんは感情豊かで人の感情を受け止めることができるので、「大ちゃ〜ん」と感情のこもった呼び方をされてしまうと、それだけでキッキーをしたくなってしまい、気分が盛り上がってしまうのです。

私が「大ちゃ〜ん」と心を込めて大ちゃんを呼んでみます。すると、「ニャーニャー」と言って、お返事をしながら急いで側に寄って来てくれるので、「大ちゃんは、キッキーですか」と言って、お話しします。大抵は夜お布団を敷いて寝る前に、キッキーをしています。まず私がお布団の中に入り、両手は出している状態にしておきます。大ちゃんは私の右手のパジャマの袖の所を噛みながら両手を交互に動かし揉むような感じで、キッキーをやり始めます。そのうちに私は「大ちゃん、〃おべべ（パジャマ）〃噛み、噛みしなくても大丈夫ですよ」と話しかけるとすぐに袖を噛むのは止めてしまいます。そして今度は私の左手を見ながら大ちゃんは、「ニャー」ではなくて人の言葉を使い、「ねえねえ」と言ったり、「うんねえ」と言ったり、時には、「うんねえ、ねえねえ」と言って「早く、お手手で、やってやって」と言ってくるのです。そのうちに大ちゃんは両手を交互に動かすのも止めてしまいます。なぜ止めてしまうのかというと、大ちゃんは手を交互に動かさなくても私の手でしてくれたら、キッキーができるんだということを、ちゃんと分かってしまっているのです。従って手を動かすのを怠けてしまうのです。しかしながら私の方は手を使うのを止めてしまうと、すぐに大ちゃんから、「ニャー」ではなくて、「ねえねえ」と言って人の言葉でお話ししながら私の手を見て、「お手手で、やって、やって」と指図をされてしまいます。「大ちゃん、一回やったら、おしまいにしてね」と言われた時にはお返事はしますが、何回も大ちゃんはキッキーをしてしまいます。大ちゃんは、キッキーが大好きだからです。いつの間にか大ちゃんは、また人間の「ねえねえ」そして、「うんねえ」という言葉を、お勉強して、自分で覚えてしまっていたのです。こういう時には、この言葉で、お話しすれば良いんだということを、ちゃんと学んでいたのです。大ちゃんの話す、このふたつの言葉についても人と全く変わらない発音で、それはそれは上手に、お話ししてくれています。ちなみに「ねえねえ」そして「うんねえ」という言葉については、何かをして欲しい時に大ちゃんも使用しています。大ちゃんは何も教えて貰わなくても自分ひとりで人間の言葉を正確に把握し使いこなしてしまうのです。大ちゃんは何かをしている時や物を見たり人の話を聞いたりしている時などには、いつも何事も自分の頭で考えながら、また物事を見逃さず、そして、それらを忘れることなく、いつもお勉強をしながら自分自身を向上させているのだと思います。このような大ちゃんの生きる姿勢を見せて貰うことで私も頑張ろうと思ってしまうのです。

大ちゃんの言葉については、まず肉体の構造上、基本的には、「ニャー、ニャー」と発音し、お話をしているわけではありますが、大ちゃんは猫語が分からないので頭の中では全て人間の言葉を使い考えながら表現をしているのです。会話についても人間の子がきわめて自然に言葉を理解し、お話ができるのと全く同じレベルにまで大ちゃんも上達しているのです。そこで、キッキーをするのが大好きな大ちゃんとしてはいかにしたら自分の気持ちを伝えることができるのかを考えたうえで、それならば大ちゃんも直接、人の言葉でお話しした方が理解をして貰えるのではないのかという結論に至ったのだと思います。そのうえで人間の

「ねえねえ」そして、「うんねえ」という言葉を的確に使いこなしながら、キッキーをしようと思ったのでしょう。大ちゃんの頭の働き方については、ものすごいものがあるのです。大ちゃんは秀才です。

## 大ちゃん、大好きな、おじちゃんにご挨拶

大ちゃんにはいつもながらですがまた、こんなことにも驚かされました。それは、年に一度ではありますが私共を訪問して下さる友人の安田さんという方がいます。大ちゃんは、この方をおじちゃんと呼んでいます。どことなく物静かさを感じられるところが大ちゃんはとてもお気に入りのようなのです。早速おじちゃんの手荷物に目を付けた大ちゃんですが、まずは匂いの検査が始まりました。大ちゃんは、とても焼き餅焼きの子ですので、おじちゃん以外の人の匂いが付いていると不合格なのですが、今回の検査は合格した模様です。それか

らは、かずちゃんに抱っこをして貰いながら、もう安心して、おじちゃんの方を眺めているのです。大ちゃんは非常に優秀な頭脳を持った子です。また、人間よりも遥かに優れた嗅覚や聴覚も備わっているので日々の生活の中でそれらを活用しながら物事を考え、また判断をしているのだと思います。

そしてお気に入りのおじちゃんがお帰りになるので玄関でさようならのご挨拶をすることになりました。かずちゃんが大ちゃんを抱っこしています。大ちゃんは、おじちゃんにすっかり気を取られてしまったのでしょうか。私が大ちゃんに話しかけても話をよく聞いていなかったのです。そしてようやく大ちゃんは私の話しかけた声に気付き、私の方を振り向くようにしながら、「ニャー」ではなくて人の言葉で、それは我々がお話しするのと全く同様に語尾を上げて発音しながら「うん」と言って私に聞き返してくれたのです。私は再び「大ちゃん、おじちゃんに、バイバイね、を言った方が良いですよ」と話してあげました。するとすぐに大ちゃんは、おじちゃんの方に向き、それもとても大きな声で、「おじちゃん、バイバイね」とご挨拶をしたのです。大ちゃんの話しているこの言葉については、「ニャー」と発音してはいますが、頭の中では人の言葉で、「おじちゃん、バイバイね」と言ってくれているのです。おじちゃんは、この様子を見るなり大変驚かれた表情をされ、大喜びでお帰りになりました。一年にたった一度しか会えないおじちゃんではありますが、大ちゃんは決して忘れることはありません。なぜならば大ちゃんは誰よりもこのおじちゃんが大好きだからです。

それにしても、この時の大ちゃんにはとても驚かされてしまいました。それは何と言っても人間の言葉で、「うん」と言って、私の方を振り向くようにしながら話を聞き返してくれたことにあります。考えてみると大ちゃんはようやく生後二ヵ月ぐらい経った幼い頃に家にやって来たので猫語はよく分からないのです。大ちゃんの側には私たち人間しかいないので、人間の子と同じ環境に育ちました。その中でごく自然に言葉を覚えたのだと思います。従って私の話をよく聞いていなかった時などに話を聞き返すことぐらいは、大ちゃんにとってきわめて普通にできてしまうのだと考えられます。とにかく、大ちゃんの、人間の言葉を的確に使いこなし、そして人と同様に受け答えができてしまうという、この賢さ。猫のレベルとしては、とても考えられないほどの頭脳の素晴らしさには、重ね重ね驚かされてしまいます。

# 大ちゃんの心の転機

ここからは大ちゃんに心の転機が訪れてしまった時のことをお話しします。大ちゃんは、兎にも角にも大ちゃんが家の子になってくれた一日目から、かずちゃんのことが大好きなのです。かずちゃんのことが、どれほどお気に入りであり、そして大好きであったのかを、まず先に、お話ししたいと思います。

大ちゃんが家の子になってくれた一日目から、大ちゃんは何の抵抗もなくきわめて自然にかずちゃんに馴染んでしまい、もう何年も家にいるかのような自然な感じで、かずちゃんに抱っこをして貰いながら大人しくテレビを見ているのです。そして驚いたのは次の日の朝のことです。弟は会社に出かけようと、靴を履き玄関に立ちました。その時です。大ちゃんは、かずちゃんの後を追って、もう大変です。まるで人間の子が親の後を追うのと全く同じ状態なのです。それも家の子になってくれて、たった二日目なのにもかかわらず、あまりにも予想外の有様で、大ちゃんには本当にビックリです。こんなことがあり得るのでしょうかと思うほどです。「かずちゃんは夜、八時になったら会社から帰って来ますよ、だから、お利口さんで待っててね」と私はなだめるように話してあげました。

夜八時になって、弟の門を開ける、カチャッという音がしました。次は家のドアを開ける音がして「ほら、かずちゃんが帰って来ました」と話しているうちに大ちゃんは、もう一生懸命にかずちゃんを待っているのです。次の日もその次の日も、それからは毎日かずちゃんの帰宅を、それはそれは楽しみにして待ってくれているのです。休日などたまに弟が外出して夜、帰宅が遅くなった時には、私のお布団の中に大ちゃんは入り込んではいますが、かずちゃんの帰宅を今か、今かと待っているのです。それも、かずちゃんが帰宅した時にはすぐに、お布団から出られるような体勢を整えているのです。これには本当に驚嘆させられてしまいます。

また、「かずちゃんは東京に行って来ますよ」と言って話しかけると、大ちゃんはすぐに怒ります。大ちゃんの傍らに、いつもいて欲しいのです。それから車で出かける時にも、かずちゃんに抱っこをして貰っています。車から降りてからも大人しく抱っこをして貰っています。大ちゃんは、かずちゃんが大好きなのです。

そして弟は会社の夏休みがやって来るので奈良県に住む友人の所へ遊びに行くことになりました。出かける前には大ちゃんにもちゃんとお話をしたのですが、大ちゃんは少し怒って納得してはいないのです。それから少しの間は大ちゃんと私で過ごさなければなりません。

とにかく大ちゃんは、かずちゃんの不在が嫌なのです。それからは毎日毎日、「今日は、かずちゃんは帰って来るのか、明日は帰って来るのか」と大ちゃんは私の顔を見ながら問いかけるのです。「もうすぐ、かずちゃんは帰って来ますよ、だから大丈夫ですよ」と話してあげるのですが、それこそ大ちゃんは、今か今かとかずちゃんの帰宅を思い待ち続けているのです。

それから、一週間が経ち、ようやく、夜十一時頃に弟は「大ちゃん」と呼びながら、帰宅をしました。ところが大ちゃんの方は、もう待ちくたびれてしまい、あれほど「かずちゃん、かずちゃん」と言って待ち続けていた大ちゃんですが、かずちゃんの顔を見るなり喜ぶどころか本当に呆れ果ててしまった顔をしながら、かずちゃんを眺めているのです。「大ちゃんが、こんなに待っているのに、なかなか帰って来ないで、こんなに夜、遅くに帰って来て」と本当に呆れてしまったのです。それは人間の呆れ返ってしまった顔と全く同じ表情を大ちゃんは見せたのです。この時の大ちゃんの態度については人間の心、感情そのものが備わっているのではとしか思えないほどでした。

その後は、一変して、「かずちゃん、かずちゃん」とはもう言わなくなってしまいました。私が大ちゃんに、かずちゃんの、お話をしただけでも怒るようになってしまったのです。

この時以来、あれほどかずちゃんのことが大好きだった気持ちが、すっかりと変わってしまったようなのです。そして、かずちゃんが大ちゃんを抱っこした時には怒るようにもなってしまいました。このように大ちゃんの心は人間の子と同じように働くことが分かります。これ以後、車で出かける時には私が大ちゃんを抱っこして行くことになりました。すると、とても大人しく抱っこをしてくれているのです。

私はこのような大ちゃんの一連の心の変化について考えてみました。大ちゃんは生後わずか二ヵ月ぐらいの幼い頃に家の子になり、人間の言葉で育てられ、しかも猫語については理解不能なのです。従って人間の子と全く同じ環境に置かれたことにより、日々の生活を通して人と同様の考え方、感じ方が大ちゃんには自然に身に付いてしまっているのです。それから何よりも大ちゃんの持つ天性のものも大きな要因となっているのでしょう。つまり人間と同等のものが身に付き、そのために起こり得る心の変化として評価するものでもあります。

## 鈴虫観察

二〇〇三年七月、初夏の訪れと共に、いよいよ暑い季節の到来となります。大ちゃんは一応姿は猫ちゃんに分類されますので暖かな毛皮を着用しています。大ちゃんにとって、特に夏はとても過ごしにくい時季となります。そこで気分転換にと思い、鈴虫を飼うことになりました。一通りの必要な物を用意し、鈴虫は雄が五匹、雌を三匹、購入しました。

大ちゃんは生まれて初めて鈴虫を見るのですから、それはそれは興味津々に違いありません。早速、虫籠に茄子や胡瓜そして煮干しなどの餌を入れ、鈴虫を放し廊下に置いて飼うことになりました。鈴虫は虫ですので大ちゃんには虫を「ちゅう」と読み「ちゅうちゅうちゃん」と教えてあげました。大ちゃんは相変わらずの飲み込みの早さですぐに、ちゅうちゅうちゃんのことは覚えてしまいました。

昼間の暑さには鈴虫たちも昼休みをしているのでしょうか。「りん」とも鳴きません。しかし夕方の涼しさを感じる頃になるにつれ、ちゅうちゅうちゃんの大合唱が始まりました。大ちゃんは、ちゅうちゅうちゃんの大合唱を聞き付けて廊下へと一目散に飛んで行きました。一体、何が始まったのだろうと、思ったのでしょう。もう、ちゅうちゅうちゃんたちには、まん丸お目目が釘付けになってしまいました。鈴虫たちの羽と羽とを擦り合わせ、そして小刻みに羽を振るわせ、「りーんりーん」と鳴く何ともいえない、この妙に滑稽ともうつるものが目の前に繰り広げられる様子に、恐らく大ちゃんは驚きを持って観察しているに違いありません。

それからは、「りんりんのちゅうちゅうちゃん」と言って、大ちゃんはまたすぐに覚えてしまいました。これで、もうひとつ大ちゃんの楽しみが増えました。大ちゃんの並外れた好奇心、観察力そして集中力については素晴らしいものがあるのです。とにかく、大ちゃんの物を見る時の、大きな目をさらに大きく開き、一点に集中し、じーっと見ているという、あの姿というものはものすごいものがあるのです。眼力とでも言うのでしょうか。エネルギーを感じるのです。

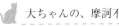

## 大ちゃんの、摩訶不思議

大ちゃんは猫ちゃんにもかかわらず猫語に関しては理解不能で、ちんぷんかんぷん状態です。この件については、やはり親、きょうだいとの早期の別れが大きく関わっていることにあります。猫は気持ちが良くなると、ゴロゴロと喉を鳴らす習性がありますが、大ちゃんはただの一度も終生、喉を鳴らしたことはありません。

大ちゃんは学習能力にも長けています。お陰で人間の子が親の話を聞きながら言葉を覚えていくのと同様に、大ちゃんも耳から入ってくる人間の言葉を受け止め、覚え、それらを理解します。そして生活を通して何事も自分の頭で考え、なおかつ物事に対し解決可能な能力を持つ大ちゃんの、これらの摩訶不思議な事柄についてはあえて気にも留めてはいなかったものの、考えてみれば猫ちゃんとしてはにわかには信じ難いほどに猫ちゃんらしくないことは明白なのです。

確かに大ちゃんは猫ちゃんとして考えてみても、きわめて幼い頃には猫語の片言ぐらいは覚えていたにせよ、その後の生活環境の変化に伴い、身近に猫ちゃんとの接触などはほとんどなくなり、次第に猫語の記憶は遠くなっていかざるを得ない状況に追いやられてしまったのだと思います。大ちゃんは家の子になり人間の言葉で育てられました。明らかに猫語よりも遥かに人間の言葉の方が難しいにもかかわらず、大ちゃんの抜群の記憶力の良さと頭の働きの良さとで見事といえるほどまでに人の言葉をマスターし、生涯、言葉には何の不自由もなく過ごせるまでになれたのです。

確かに大ちゃんは猫ちゃんの姿をしていますが、知能はずば抜けて高く、言葉についてもひとつひとつ教わることもなく大ちゃん自身の力で身に付けているのです。猫ちゃんとして存在する大ちゃんの、摩訶不思議といえるのではないのでしょうか。

大ちゃんは猫ちゃんとしての心得なるものについては何ひとつ理解してはいないのだと感じます。家の子になってくれた当時の大ちゃんは、まだ野良猫ちゃん時代の猫ちゃんとしての野生の感覚も少し残っていたようなのですが、私たち人間との関わりの中で大ちゃんの存在自体が猫であることを自覚しなくなってきているように見えるのです。何と言っても大ちゃんは猫語が分からないので次第に猫ちゃんに対する関心、例えば女の子の猫ちゃんに興味を持つことすらなくなってきてしまっているのです。

大ちゃんは年頃を迎えても異性の猫を意識することもなく、女の子の猫ちゃんを追いかけることなど全くありません。大ちゃんはかずちゃんに次いで、私のことも好きになってくれたのですが、私に対する大ちゃんの気持ちとしては、身近な私を異性として感じてしまったようなのです。大ちゃんは人間の男性と女性との区別は正しく理解ができるのです。そこで毎日、生活を共にする私に目が行ってしまったのだろうと思います。そしていつの間にか大ちゃんも年頃になった頃には人並みに、または猫並みにとでも言いましょうか。性が芽生え始めてしまったのです。最初の頃には、お部屋に毛布などが置かれていれば、その上にあがり両手を交互に動かす行為が始まります。大ちゃんは去勢はしていないので、これは大ちゃんにとっては自然なことであろうと考えたのですが、私も最初の頃は両手を交互に動かして何だろう、大ちゃんはと思いました。考えてみれば、もしかしたら大ちゃんも少し大人になってきたのではと気付いたのです。大ちゃんは私が横になって寝ている時には、さっと私の体の上にあがってしまい両手を交互に動かし始めたのです。そして大ちゃんのこの行為を、私はキッキーと名付けました。それからは大ちゃんも早速、キッキーと言って覚えてしまいました。そして、一日も、キッキーを休むことなく、キッキーが大好きになってしまったのです。そして大ちゃんは終生、女の子の猫ちゃんなどには脇目も振らず私のお婿さん状態にまで成り上がってしまったのです。大ちゃんは何の違和感もなく人間生活を享受しているという。このような大ちゃんの生き方についても、これまた、正に大ちゃんの摩訶不思議と思わざるを得ません。

大ちゃんは生涯、猫を相手にしたことは、一度もありません。好きも嫌いも人間相手です。

## 大ちゃんの、得意技

我が家には、マントルピースが作られていて、その上には物を置いたり絵画などを飾ったりできる台が備え付けられています。台の高さは一メートル程度になりますが、大ちゃんはこの台の上に飛び乗っては時々、得意技なるものを披露してくれています。この技についてもやはり大ちゃんは、一度の説明で簡単に技をやり遂げてしまいました。その技とは、マントルピースの台の上に大ちゃんが飛び乗り、宙を飛んで私に抱っこをしてしまうというものです。大ちゃんは幼い頃より運動能力にも長けており家中のかなり高い所、例えば冷蔵庫の上、箪笥の上、そして、一番高い神棚の上にまで楽にあがってしまうのです。大ちゃんは技の仕方の説明を聞くと正しく理解ができるので、説明どおりにすぐに技をこなすことが可能になるのです。

大ちゃんの運動能力については猫ちゃんとしても優れてはいますが、頭脳においては猫ちゃんを遥かに超越し、人間のステージにまで上り詰めてしまっているのです。大ちゃんの人間の言葉についての理解力の高さの点においても、これまた大ちゃんの得意技ともいえるのではないでしょうか。

## あまりに褒められて思わず人間と同様の反応

大ちゃんは幼い頃から、「お利口ちゃんですね」と言われることが大好きですが、「大ちゃんはだめですね」と言われることは、とても嫌がります。

年に一、二度ぐらいは、掛かりつけの獣医師の先生にお世話になっています。その時には、まず大ちゃんは体重計の上にのせられます。すると少し大ちゃんが騒ぎ始めるので、「お利口ちゃん、お利口ちゃん」と言って私が頭を撫でているうちに大ちゃんは大人しくしてくれます。

私はたまに「大ちゃんは、お利口ちゃんですか、お馬鹿ですか」と聞いてみることがありますが「大ちゃんは、お利口ちゃんですか」と聞いてみた時には大きな声で、「お利口ちゃんです」と言って応えてくれますが、「お馬鹿ですか」と聞かれた時には怒って私の手に噛み付きます。私は試しに大ちゃんのあらゆることを褒めちぎってみることにしました。その時の大ちゃんからは、驚きの反応が返ってきました。人間同士でもあまりに褒められてしまうと人は手に全く力を入れずに相手の人の体の一部、例えば肩の辺りを数回叩きながら、「そんなに褒めて何?」と言って、顔はにこにこしてしまいます。私は大ちゃんにもこれ以上ないと言うほどに褒めちぎってみたのです。すると、まるで人と同じ反応を示しました。大ちゃんは手に全く力を入れずに私の腕の辺りを数回、叩いたのです。一体、大ちゃんは猫ちゃんなのか人間の子なのか分からなくなってしまうような有様です。あまりにも自然に人と全く同様の反応を示すという、この不思議さ。

確かに大ちゃんは猫の子そのものではありますが、私たち人間の持つ感情と全く共通するものがあると考えられます。人と同様の態度、反応がきわめて自然にできてしまうという。この事実には、やはり猫という概念を覆されるほどのきわめて希有な存在であろうと、大ちゃんに限っては結論付けるに至りました。大ちゃんにはいつもながら、本当に、ビックリです。どうやら大ちゃんには幼い頃より芽生え始めた自尊心なるものまで備わっているかのように思えてなりません。

## 頭の回転の素晴らしさ

大ちゃんはまたこんなこともできます。大ちゃんのトイレは少し大きめの、オレンジ色で砂を入れる所の前には格子状の台が取り付けられています。大ちゃんはこのトイレを大ちゃんトイレと言って覚えています。大ちゃんの毛並みは少し長毛ですので、ウンチをする時には足にウンチが付着してしまうことがあるのです。いつものように大ちゃんはトイレでウンチをする体勢になりました。その時です。少し、ウンチが足の毛に付きそうになってしまい、思わず私は「大ちゃん、ウンチがくっ付いちゃうよ」と言って注意をしてしまったのです。すると大ちゃんは即座に頭で考え、ウンチが足の毛に付かないように股をパッと開き片足を台の上において、ウンチが付かないような体勢を取り、そして速やかにウンチを済ませたのです。

このような大ちゃんのとても機転の利く頭の回転の素晴らしさには驚かされてしまいます。大ちゃんは指摘されたことに対してあっという間に応えられるのです。助言などしなくても大ちゃんの頭ひとつで物事の解決ができてしまうのです。このように指摘されたことに対してすぐに正しい答えができてしまう理由はというと、やはり大ちゃんは、まず人間の言葉を正しく理解ができていることにあるのだと考えます。次は並外れた大ちゃんの考える力によるものと思います。人間の子だからといっても、即座にいつも正しい答えを導き出せるとは限らないのです。大ちゃんの頭脳は人間の頭脳と比較してみても素晴らしいものがあると考えられます。このような大ちゃんの頭の働き方については、やはり猫と言う概念を覆すものと思います。

そして「大ちゃん、ウンチは、スッキリしたの」と聞いてみました。すると、「スッキリしました」と言って、お返事をしてくれるのです。ちなみに、大ちゃんの、ウンチは無臭です。

## 大ちゃんとの、二人お花見

大ちゃんは幼い頃より、お花がある環境に育ちました。今年、大ちゃんは十三歳を迎えます。家の庭に植えられた紅梅、白梅が春に先駆けて咲き始める頃、私は「大ちゃん、〝おんも（外、家の庭）〟のお花ちゃんを見に行きますか」と言って、お花見に誘います。すると大きな声で、お返事をしてくれる大ちゃんを早速、抱っこをしながら、二人でお花見をします。

私は「大ちゃん、お花ちゃんの匂いがしますよ」と言って、そっと、お花の香りを嗅がせてあげます。すると大ちゃんは、お顔を上下に少し振りながら梅のお花の甘い香りを美味しそうに楽しみ始めたのです。大ちゃんの、この匂いを嗅ぐ仕草が何とも愛らしく、思わず私は微笑んでしまいます。

大ちゃんの、この匂いを嗅ぐ仕草については大ちゃんとの初めての、おんもの見学の時に教えたもので、生後二ヵ月ぐらいのごく幼い頃のことです。大ちゃんはいつの間にか覚えてくれていたのです。「大ちゃん美味しい匂いはしますか」と話しかけると早速、「美味しい匂いがしますよ」と言って、私の方に向きながら、お話ししてくれるのです。大ちゃんとはまるで人間同士のように、お話が通じ合うことで共通の楽しみを持つことができるのです。大ちゃんはお花にまで興味を示し私との会話まで楽しめてしまいます。とても楽しい、お花見になりました。大ちゃんとのお花見は格別なものがあります。

## 趣味の観察に勤しむ

二〇〇五年の今年も暑い夏を乗り越えようやく待ちに待った実りの秋が訪れます。季節の移り変わりに伴い木々の装いにも変化を見せる中、家のすぐ前にある公園の金木犀のお花の香りが風に乗せられ大ちゃん家《ち》にまで届けられます。大ちゃんは毎日の楽しみのひとつとして外の景色やたまに飛んで来る小鳥や野良猫ちゃんたちの様子を興味深く観察することが大好きなのです。そして金木犀のお花の香りも楽しみながら、リフレッシュもできてしまうのです。こうしてしばらくの間は脇目も振らずに、じっと集中して大ちゃんは観察に励むのです。

そして身も心も気持ち良く過ごせる時期も過ぎ去り、いよいよ冬の足音が聞こえてくる頃には冬の定番ともいえる、とても愛らしく今では仄かに香りも楽しめる可憐なお花、シクラメンがあちらこちらのお店に顔を覗かせてくれます。いつも、この時季には我が家でも鉢植えのシクラメンを購入しています。猫が食べると危険な成分があるので注意しつつも、早速、大ちゃんの目の届くところに置いて楽しもうと思います。大ちゃんは、お花ちゃんが大好きですから私は「可愛い、お花ちゃんですよ」と言って大ちゃんに説明をしてあげました。すると興味深げに、じっと眺めて香りも感じるのでしょうか。やはり匂いを嗅ぐ時には、あの可愛らしい仕草で大ちゃんは、お顔を上下に少し振りながら香りを楽しみ始めたのです。「大ちゃん、お花ちゃんの匂いはしますか」と言って話しかけると、すぐにお返事をしてくれました。

そんなある日のことです。大ちゃんの姿が見えないのです。すると、大好きな、シクラメンのお花に吸い寄せられてしまったのでしょうか。大ちゃんはひとりシクラメンを側でじっと眺めているのです。そして何を思ったのか、今度はあっと言う間にてんこ盛りに咲き誇るお花の中に大ちゃんはすっかり顔を埋めてしまったのです。側に駆け付けた私は大ちゃんのあまりにも咄嗟な行動に、「あっ」と言ったきり、他に言葉も出てこない状況で時が止まってしまい、大ちゃんと私は顔を見合わせながら沈黙が続いてしまったのです。私としては一生懸命に咲いていたシクラメンが「あ〜あ、ぐちゃぐちゃになっちゃった」とただ単純に思っただけですが、大ちゃんの方には大ちゃんの考えがあっての行動なのだと思うのです。大ちゃんの行動により、確かにお花は元気がなくなりましたが、大ちゃんの幼い頃より自然に生み出された物を見る時の、あの大きな目をさらに大きく開き、好奇心により並外れた集中力で物事を観察する、そして長期間に亘り確かな記憶として留めておけるという素晴らしい能力の備わっていることにより起こした行動なのだと思えるのです。お花に顔を埋めたことで、どのような考えが生まれ出てきたのかは定かではありませんが、このお花と大ちゃんとの直接の接触の感触も確実に大ちゃんの記憶に留められたことに間違いはありません。大ちゃんはお花ちゃんが大好きなのですから。

いつも大ちゃんは何事に対しても真正面から向き合いものすごい集中力を持って物事を考え続けているのです。これからも様々な経験に基づき、たゆまぬ努力で観察、研究に勤しむ大ちゃんです。

## 大ちゃんには、またもや、してやられてしまいました

私はたまにですが通販で買い物をすることがあります。これから冬に向けて購入した物は丈の長いウール素材の巻きスカートで、膝掛けとしても利用ができるものとなっています。早速、箱に入って送られてきました。

このように箱が届いた時には何が入っているのかと、とても気になってしまう大ちゃんです。私が箱を開けていると、もう大ちゃんは、お目目をまん丸にして見ています。そして箱の中から品物を出しながら「大ちゃん、あったかいよ」と言って大ちゃんの頬の辺りに持っ

ていき、暖かい感触を感じさせてあげました。するともう、大ちゃんの物かと思ってしまうようなのです。私は思わず「大ちゃんのですか」と言葉が出てしまいました。すると大ちゃんには大きな声でお返事をされてしまいました。私は自分の物として購入したのですが、大ちゃんに気に入られてしまうと結局、大ちゃんに取られてしまうのです。

私は早速、いつも大ちゃんは私の枕の隣に寝ているので夜の寒さ対策としてお布団を敷き、購入した巻きスカートを敷いて、また、かけられるようにもしてあげました。大ちゃんは「毛布」のことは以前から知っているのでこれを毛布と言うことにしました。そして大ちゃんは枕の横に敷かれた毛布の上で、サッサと寝てしまったのです。「大ちゃんは毛布を買って貰ったの良いね」と、私は話しかけました。すると大ちゃんは大きな声で、お返事をしてしまいました。大ちゃんは何かを買ってくる、または買って貰ったということへの理解は正しくできているのです。そして何かを買う時には、お金がないと買えないということも理解をしています。

それからしばらく経ち、今度はラビットの毛皮で仕立てられた黒色のベストを通販で購入することになりました。そして箱入りのベストが届きました。すると大ちゃんは箱の中身が気になり始めたのです。また、大ちゃんに取られてしまうのかと思いつつも箱を開け、「大ちゃん、あったかいよ」と話しかけながら黒色のベストを大ちゃんにも見せてあげました。案の定、黒色でふかふかのベストを見るなり、もう自分からベストに顔を寄せて、大ちゃんの物かと思ってしまったようなのです。思わず私は「大ちゃんのですか」と言ってしまいました。すると今度も大きな声で、お返事をされてしまったのです。またもや大ちゃんにはしてやられてしまいました。今度は黒い毛色の熊にちなんで、黒いベストを「熊ちゃんの毛布」と言うことにしたのです。するともう、すぐに大ちゃんは熊ちゃんの毛布という言葉を覚えてしまいました。

夜もだいぶ寒くなり、今度もお布団を敷き枕の横に熊ちゃんの毛布を敷いてかけられるようにもしてあげました。大ちゃんは熊ちゃんの毛布は、お気に入りのようで早速、寝てしまった大ちゃんに私は「大ちゃんは熊ちゃんの毛布をかけますか」と言って聞いてみたのです。すると大きな声で、お返事をしてくれました。「大ちゃんは、あったかくて良いね」と、お話ししながら熊ちゃんの毛布をかけてあげました。以来、夜はいつも熊ちゃんの毛布に包まれて眠りに就く大ちゃんです。

大ちゃんは家に箱入りの品物が届くたびにとても気になるらしいのです。箱の匂いを嗅いでみたり、時には上に乗ってみたりしています。箱の中に何かが入っていることはちゃんと分かっている大ちゃんですから、もう興味がそそられてしまうのだと思います。いよいよ箱を開けようとすると、大ちゃんは箱のすぐ側で、お目目をまん丸にしながらじっと見ているのです。人間の子と同じ行動を自然にしてしまうのです。

大ちゃんが家に来てくれた当時は、小さなとても可愛らしい子猫ちゃんと思っていたのですが、その後の知恵や行ないなどがあまりにも猫ちゃんとはかけ離れていることを、まざまざと見せ付けられてしまいました。大ちゃんの姿は確かに猫ちゃんそのものではありますが、全く人間の子としか考えられないほどなのです。会話も自然な感じで通じてしまい、感情も態度も人と同じ次元としか思えないのです。

## 襟巻き着用

大ちゃんは冬の寒さ対策として毛皮の襟巻きを愛用しています。襟巻きはふたつ持っていて、ひとつはミンクの白くて割合細いタイプの襟巻きです。もうひとつは、ラビットの柔らかい毛質で、チャコール色のものです。大ちゃんはどちらかというと柔らかい毛質のラビットの襟巻きの方がお気に入りのようです。朝、とても寒さを感じてしまう時など、私はすぐに「大ちゃん、襟巻きしますか」と言って声をかけてみるのです。すると大きな声で「大ちゃんは襟巻きしますよ」と言って、お返事をしながら私の側に近寄って来てくれます。寒い時には昼間も、ずっと離しません。

また、ホームセンターや園芸店に車で出かける時などにも大ちゃんは、ちゃんと襟巻きを着用して行くのです。ホームセンターでは相変わらず来店中のおばさんたちが大ちゃんの周りにすぐに寄って来ます。そして「襟巻きしてるの可愛いね」と話しかけられます。また、たまに園芸店でも、お店のおばさんとは顔馴染みなので大ちゃんの姿を見かけるとすぐに近寄って来て「大ちゃんは来たの」と声をかけてくれるのです。すると大ちゃんは、おばさんの方を見ながら、ちゃんとお返事をして応えます。「大ちゃんは襟巻きしてるの、大ちゃんは何が好きなの」と話しかけてくれるので、「カニちゃんや、ホタテが大好きね」と私が話しているうちに大ちゃんもお返事をして応えます。するとおばさんは、にこにことして大喜びをしてくれるのです。

大ちゃんは人の会話の内容もごく自然に理解ができるために、お返事をして応えることができてしまうのです。園芸店のおばさんのことは、ちゃんと大ちゃんも覚えているのです。大ちゃんは襟巻きをすると暖かくなるのが分かっているので襟巻きはお気に入りなのです。また、毛質の柔らかいラビットの毛皮の方が気持ちが良いのも理解をしています。特に寒い時などには大ちゃんの方から「襟巻きしますよ」と言いにきてくれています。

## 大嫌いな雷に右往左往

大ちゃんにとって苦手な、一番嫌いなことをお話ししたいと思います。それは雷のゴロゴロという、あの大きな音が大嫌いなのです。大ちゃんは雷のことを、「ゴロゴロちゃん」と言って覚えています。雷の鳴る季節になると急に雲行きがおかしくなり、今にも雨が降り出して来そうです。そして、ゴロゴロという大きな音を立てて雷がやってきます。すると、大ちゃんはもう大変です。あの、ゴロゴロという大きな雷の音から何とか逃れようと考えるのでしょうか。大ちゃんはお部屋の中を右往左往しながら、その辺りに毛布が置かれていれば毛布の中に隠れますが、隠れても雷の音は大して変わらないのですぐに毛布の中から出てきてしまいます。そして次の手段を考えているのです。私は、どうするのだろうと思いながら見ていました。すると大ちゃんは、辺りを素早く見渡し、そして押し入れの方に大ちゃんの目が行ったのです。それから一気に押し入れの戸を開け、お布団や毛布の間をぬって大ちゃんは奥の方へ、奥の方へと入り込んでしまいました。それからは雷のゴロゴロという音が静まるまでのしばらくの間、大ちゃんは押し入れの奥の方に避難して出てこようとはしないのです。そしてようやく雷の音が静まった頃、私は大ちゃんに声をかけてあげました。「大ちゃん、ゴロゴロちゃんは、もう行っちゃったから大丈夫ですよ、早く出てきた方が良いですよ」と言って呼びに行きます。するとようやく奥の方から出てくるのです。

ワンちゃんや猫ちゃんたちは我々人間よりも遥かに優れた聴覚が備わっているので雷の音が強烈に伝わってくることで恐れをなしてしまうのでしょうか。大ちゃんにとっても私たち人間にとっても雷が鳴る季節は、何か気分的にも過ごしにくいのではないのでしょうか。自然とは私たち人間も上手く向き合っていくしかないのではと考えます。大ちゃんは、ゴロゴロちゃんが大嫌いなのです。

## 大ちゃん、太りぎみで少し心配

二〇〇八年の秋です。大ちゃんは今年十六歳になりました。

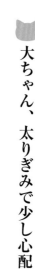

大ちゃんは、相変わらずキッキーは一生懸命なのですが、最近は少し体の方も太りぎみの所為か心臓が少々、弱ってきているようなのです。しかしながら、キッキーは、一日たりとも休もうとはしません。そしていつものように大ちゃんは、キッキ、キッキと、一生懸命していうるうちに心臓が疲れてしまうのでしょうか。大ちゃんの息が荒くなり、フーフーと言う荒い息になってしまいます。「大ちゃん、キッキーは、もう、おしまいにした方が良いですよ」と言って私は注意をします。そして大ちゃんの息の仕方の真似をしながら「大ちゃん、フーフーフーってなっちゃうよ、もう、おしまいにした方が良いですよ」と言って言い聞かせるのです。すると仕方なく大ちゃんは、キッキーを、おしまいにします。

それからしばらくの間は、このような状態が続きました。大ちゃんは恐らく私なりの素人の判断ではありますが、心臓が少し弱ってしまい、フーフーと息が荒くなり、息が切れるような心臓の不調を表す症状が出てきてしまっているのではと考えるのです。そこで動物用の健康食品を飲ませているうちに、心臓のフーフーという症状はほとんど嘘のようになくなってしまいました。本当に良かったですが、その後も相変わらず、キッキーは、一生懸命な大ちゃんです。

大ちゃんには、これからも、ずっと元気で長生きをして欲しいのです。他の何よりも、それが私の願いなのです。

## 大ちゃんの見せる、律儀な健気な可愛らしさ

ここでは大ちゃんの可愛らしいところを、ご紹介したいと思います。いつも冬の季節がやって来ると昼間は大ちゃん専用の段ボール箱でできている大ちゃん用ベッドで、お昼寝をしています。ベッドの上には、とても軽くて暖かく何とも心地良さの感じられる大判の膝掛

けが置かれています。大ちゃんは、この膝掛けを毛布と言って覚えていて、お気に入りの毛布のうちのひとつになっているのです。

大ちゃんがお昼寝をする時には、お気に入りの毛布を体全体にかけて貰い、しばらくの間は大人しくすやすやと眠りに就くのです。それから数時間はそっと寝かせておきますが、その後、私は大ちゃんの様子を見に忍び足で、ベッドの側に近寄り、毛布の上から大ちゃんの、お顔の辺りに私の顔を近付けながら小さな声で「大ちゃ〜ん」と名前を呼び起こすのです。すると私の声で目覚めてしまった大ちゃんは、むくむくと顔を擡《もた》げ、毛布の中から可愛らしいお顔を見せてくれるのです。

また、ある時には同じように大ちゃん用ベッドで、お気に入りの毛布をかけてお昼寝を始めた直後、大ちゃんのお顔の辺りに小さな声で「大ちゃ〜ん」と名前を呼んでみるのです。するとすぐに、むくむくと顔を擡げ、毛布の中からお顔を見せてくれるのです。これを続けて何度か繰り返し行なってみても、同じように可愛らしいお顔を見せてくれています。たとえ大ちゃんが眠くて眠くて堪らなくても、それはそれは健気に毛布の中から何度でも可愛らしいお顔を見せてくれる大ちゃんなのです。何とも律儀とでも申しましょうか。健気とでも申しましょうか。ここが大ちゃんの、とても可愛らしいところだと思うのです。

## 子猫ちゃんたちとの出合いにより心の変化をもたらす

大ちゃんが家に来てくれて十七年が経ち、大ちゃんは十七歳になりました。

今年も、いよいよ寒さも厳しい季節がやって来ました。ふと私は家の前の駐車場を眺めていると、何やら子猫ちゃん三匹が体を寄せ合い寒さをしのいでいるではありませんか。その様子を目にしてしまった私には見て見ぬ振りもできず、とりあえずそっと子猫ちゃんたちの側に近付いてみました。子猫ちゃんたちは体を寄せ合ったままで、じっと寒さに耐えています。そこで咄嗟の判断だったのですが、大ちゃんのキャットフードを急いで取りに行き、子猫ちゃんたちに与えてみることにしました。

すると最初は少し逃げ腰でしたが、そのうちの一匹の子猫ちゃんが、キャットフードの匂いを嗅ぎ付けたのでしょうか。側に近寄り恐る恐る食べ始めたのです。その様子を見ていた、もう一匹の子猫ちゃんも食べています。最後の一匹の子猫ちゃんはというと、どうやらキャットフードを食べても大丈夫かどうかを確かめていたようなのです。それからようやく、この子猫ちゃんも、むしゃむしゃと食べ始めました。

私は子猫ちゃんたちを自宅に迎え入れました。真っ先に飛んできたのは最後に、キャットフードにあり付いた鼠色の毛色の子猫ちゃんでした。この子は男の子です。その後を追うように、三毛猫の子猫ちゃん、この子は女の子です。そして最後に、ゆっくりとやって来たのは、ゴマ虎の毛色の子猫ちゃんでした。この子も女の子です。

これからどうしようかと私は考えてみたのですが、とにかく大ちゃんは焼き餅焼きの子です。すぐに家の中で飼うことはできないと思い、とりあえず三匹の子猫ちゃんたちが入れる箱を用意し、その中に毛布を敷いて軒下に置いてあげたのです。するとすぐに三匹の子猫ちゃんたちは箱のハウスに入り込んでしまい、体を寄せ合っていました。恐らく子猫ちゃんたちは親猫と早期に生き別れてしまい、それでも親猫との暮らしの中で学んできたことを活用しながら数ヵ月の間、三匹で何とか生き延びてきたのではないのでしょうか。それにしても人間社会であれば、こんなに小さな子たちを手放すことは、とても考えられない出来事だと思います。動物の社会とは何と厳しいものでありましょうか。それはそれは想像すら私にはできないほどのことでしょう。

そんな中、大ちゃんはというと、私が子猫ちゃんたちのハウスに使用する箱などを用意していると、ただならぬ気配に気付き、早速、様子を窺いにやって来たのです。大ちゃんは何事も決して見逃さない持ち前の優れた頭脳と研ぎ澄まされた感覚で、もう大きなお目目をまん丸にして見ています。恐らく大ちゃんにとって、この事態は大変なことが起きていると思ったに違いありません。なぜならばだいぶ以前の出来事ですが、それは白い毛色の子猫ちゃんを自宅の前の公園で見付けた時のことになります。私は家の中で子猫ちゃんを抱っこしていました。その時です。それこそ、そこには大変な事態が繰り広げられてしまったのです。とにかく大ちゃんは焼き餅焼きで、とても怒りんぼうな子ですから、それはそれは並みの怒り方ではありませんでした。このことは「怒りを表現」の項でも紹介した通りです。大ちゃんは家族の愛情を全て独り占めにしたい子なのです。それこそ、三匹もの子猫ちゃんたちが家にやって来たのですから大ちゃんにとっては大変な事態なのです。

その後、子猫ちゃんたちのことを大ちゃんにお話しして理解を求めたのですが、決して快く思ってはいないようです。しかしながら、どうしても私には三匹の子猫ちゃんたちを見捨てることはできませんでした。ここを大ちゃんには分かって貰いたかったのですが、普通の男の子の猫ちゃんであれば、女の子の猫ちゃんが二匹もいるのですから、そわそわしたり追いかけようとしたりで、もう大変な状況になってしまうのではと思いました。ところが大ちゃんには、一向にそのような気配は感じられません。

その後、大ちゃんを抱っこしながら私は大ちゃんに子猫ちゃんたちの食事の様子を見せてあげました。その時も、大ちゃんはただちびにゃん子が大ちゃん家でちいちのご飯を食べていると思っているだけのようなのです。大ちゃんは幼い頃に大ちゃんの毛色と同じような、お気に入りの小さな猫のぬいぐるみを、ちびにゃん子と言って遊んでいたので、三匹の子猫ちゃんたちのことも大ちゃんは、ちびにゃん子と思っているようです。

大ちゃんは人間の子と同じような生活を長年続けてきてしまっているので、言葉も人間の言葉しか分からない状態ですから、子猫ちゃんたちがいてもあまり興味を感じてはいないのです。ただ、私が子猫ちゃんたちのお世話をしていることは、大ちゃんにしてみると気に入らないことなのです。大ちゃんとしては子猫ちゃんたちがいなくても何の不自由もないのです。なぜならば大ちゃんの大好きな、お気に入りのキッキーは毎日でもして貰えるのですから。それに大ちゃんは、猫ちゃんとキッキーができるということは全く考えたこともありません。キッキーは猫ちゃん同士でするということも分かってはいないのです。従って、そういう意味では大ちゃんは子猫ちゃんたちに対しては何の興味も起こらないのです。

その後も子猫ちゃんたちの朝食の時間には大ちゃんを私が抱っこをしながら食事をしている様子を眺めに行くのですが、大ちゃんは子猫ちゃんたちを見てはいますが相も変わらずあまり興味も示さず、ただちびにゃん子が大ちゃん家でちいちのご飯を食べていると思っているだけのようなのです。しかしながら私が子猫ちゃんたちの名前を言って話しかけると大ちゃんはすぐに態度を一変し、「うー」と言って怒り出し、「大ちゃんは、もう、お家の中に入りますよ」と言って体を捻り、玄関のドアの方にお顔を向けて騒ぐのです。すると子猫ちゃんたちは、どうしたんだろうと思うのでしょうか。一斉に小さな顔を上に向け、大ちゃんの方を見るのですが、すぐにまたご飯を食べ始めてしまいます。

それから大ちゃんはいつも、お部屋の中から、「おんもを見ますよ」と言って、しばらくの間はちゃんとお座りをして大人しく外の様子を眺めていることが好きなのですが、そこへ、三匹の子猫の中の一匹、三毛猫のみーちゃんが大ちゃんの側に近寄って来たのです。ちなみにみーちゃん、この子は三毛猫ですから私は、みーちゃんという名前にしてあげました。しかしながら大ちゃんは特に興味を示すわけでもなく、時には席を外してしまうこともあります。大ちゃんは恐らく、「どうして大ちゃん家によそのちびにゃん子が来て、ちいちのご飯まで食べているんだろう。嫌な感じ」と、思っているのではないでしょうか。

夜になり、私は子猫ちゃんたちのお世話があるので外まで行かなくてはなりません。その間の大ちゃんはというと、玄関に一番近いドアのすぐ前で「ニャーニャー」と言いながら、私が何をしているのだろうかと、もう気が気ではありません。大ちゃんは私のお婿さん状態なのです。そして私が戻って来た時には念入りに匂いの検査をされてしまうのです。検査の結果によっては、「うーうー」と言って怒られてしまいます。

その後も、このような生活がしばらく続くことになり、大ちゃんにとっては精神的にもあまり良い生活環境とは言えなくなってしまっていました。大ちゃんはとにかく、大ちゃんだけに愛情の全てを注いで貰いたい子ですから、このような状況は大ちゃんにとっては最悪なのです。この頃は夕方になると「抱っこして」と言いにくるようになってしまい、私は大ちゃんを抱っこしながら家事をしなくてはなりません。夕方になると寂しくなってしまうのでしょうか。心の安定を保つためなのでしょうか。いつも私の足元に寄って来ては「抱っこして、抱っこして」と言うようになってしまったのです。何よりも大ちゃんは抱っこが大好きですから心がきっと安らぐのでしょう。私はこの世の中で誰よりも大ちゃんが一番大好きで堪りません。しかしながら子猫ちゃんたちを見捨てることはできませんでした。大ちゃん、ごめん、ごめんと、いつも私は心の中で謝っていました。

やがて時が経つにつれ、大ちゃんの体がだんだん、痩せていくことに気付いたのです。あれほど毛並みの色艶も良く、人様にまで「立派な猫ちゃんですね」と言って褒めて頂いた頃から見ても、体調の変化は明らかなのです。しかしながら大ちゃんは、元々体の丈夫な子です。加えて健康管理として、毎日数種類に亘るサプリメントを飲ませ続けたのですが、なかなか元のように快復してはくれません。やはり、三匹の子猫ちゃんたちの存在そのものが大ちゃんには大きな心の変化をもたらし、また、ストレスとなっていったのではと思い、私は心を痛めるばかりです。しかも、この頃は夜になると私の寝ている隣で大ちゃんは、両手を伸ばしながら楽な体勢を取り、なかなか眠ろうとはしないのです。そして私の方を、じっと見ているのです。毎日毎日、大ちゃんは何を思い何を考えているのでしょうか。大ちゃんのお顔を見ていると、年は取りましたが若い頃の大ちゃんとほとんど変わらない、とても可愛らしいお顔そのものなのです。いつも夜になると、大ちゃんは私の方をじっと見ながら、今の、この時を大切に絶対に忘れないようにと心に刻み込んでいるかのように私には思えてならないのです。ただじっと顔を見ているだけで心が通じ合っているかのような、この幸な時がいつまでも続くようにと願っているかのような大ちゃんの、そんな思いが伝わってくるのです。そして恐らく大ちゃん自身が、どのような状態にあるのかを自覚しているのではと私には思えてなりません。

大ちゃんは、いつも元気な大ちゃんとしか考えられなかったのですが、子猫ちゃんたちの存在そのものに対し、それはそれはがっかりしてしまったに違いありません。子猫ちゃんたちとの出合いと同時に大ちゃんは大きな心の変化と共に、ストレスと、また、高齢ということもあったでしょう。あれほど毛並みも素晴らしく健康そのものであった大ちゃんからは一変し、体が痩せ細ってしまっているのです。本当に大ちゃんには申し訳のないことになり、私は心を痛める毎日です。

それから、あれほど楽しみで大好きなキッキーですら「大ちゃんは、キッキーをやりますよ」とも言わなくなってしまっているのです。やはり大ちゃんにとって、子猫ちゃんたちの存在は私には計り知れないほどの心の痛手となり、急激に体調まで崩してしまう結果に繋がってしまっていったのではと考えられます。そして食欲もなくなってしまい、あれほど食いしんぼうな大ちゃんでしたが、ますます快復しにくい状態に陥ってしまっているのです。やはり巡り合わせというものは、良くも悪くも影響の及ぶものであると思わざるを得ないのです。

## 大ちゃんとの今生の別れ

気が付けば大ちゃんも今や十九歳を過ぎるという年齢となり、人間の年齢に換算しますと、九十歳ぐらいの高齢になります。振り返れば若い頃には災難とも思える病気、尿路結石を患い、かなり酷い目にも遭いましたが病を乗り越え、お陰で病気も完治し、それ以後はほとんど病気という病気には罹ったこともなく、元々の丈夫な体質もあり健康な毎日を過ごして参りました。今度もきっと健康と元気を取り戻してくれるのではないのかと、そう思いながら私のできる限りを大ちゃんに施して参りましたが、なかなか思うような効果を得られず途方に暮れていました。

そんな中、弟が「近所に動物病院ができているよ」と話してくれたのです。そこで最後の頼みの綱とも思い、大ちゃんを連れて弟と私は急いで動物病院へ駆け込みました。

この頃の大ちゃんはまるで元気がなく、もうほとんど食欲もなくなり大好きなキッキーですらお休み状態になっていました。そこには先生が二名、いらっしゃって数名の看護師さんたちも働いていました。早速、院長先生が大ちゃんを診て下さいました。

先生は大ちゃんの様子を見るなり心配そうな表情を漂わせながらも真剣な目でした。私も大ちゃんの病状を感じ取りながらの診察が始められました。まず大ちゃんの年齢を聞かれ、「十九歳を過ぎました」と話しているうちに、先生は大ちゃんに聴診器を当てながらかなり高齢なこともあり、大ちゃんひとりでは立てなくなっている状態を目の当たりにされ、大丈夫かなと言うような、一瞬の間、不安を感じさせるような表情をされました。その時に思わず私は自分に言い聞かせるような思いで、「大丈夫」と言葉が出てしまったのです。それから先生は診察を続けられ血液検査なども始められました。この場の大ちゃんはというと、やはり少し怒り始めたのです。すると先生から「怒んないの」と注意を受けたのです。「大ちゃんは怒りんぼうで、一日たりとも怒らない日はないんです」「言葉も分かりますから日常会話は大丈夫ですから、大ちゃんは先生も知っていますから」と私は先生に伝えました。すると、先生は「先生も知っているの」と言われ、嬉しそうな表情を見せられたのです。そして、その時です。大ちゃんは何を思ったのでしょうか。今まで自分で立ち上がることもできなかったのですが、いきなり自力で立ち上がろうとしたのです。すると先生は大ちゃんの気概を感じられたのでしょうか。驚いた表情をされ、思わず大ちゃんを、さん付けで呼んでしまわれたのです。「大さんを垣間、見たような気がしますよ」との、お言葉を頂きました。

そして検査の結果が伝えられました。やはりだいぶあちこちが傷んだり弱ったりしていたのです。大ちゃんの健康状態は素人目にも分かりますが、腎臓病の症状が現れていました。見た目は年齢の所為もあり、見えにくくなっていました。先生は、「もう少し早ければ食事療法という方法もあったんですが」と残念そうな表情をされ、「この二、三年は本人にとってはかなり大変だったのではないかと思います」との、お話がありました。そして、「これから毎日、来て頂きたいのですが食事は缶詰を食べさせて下さい」と言われました。大ちゃんは今まで缶詰はほとんど食べたことがなかったのですが、唯一、カニの缶詰は大ちゃんの大好物なのです。大ちゃんは、さっぱりとした食べ物がお好みなので食べてくれれば良いけれど、そう思いながら早速、家に戻り、病院で頂いた缶詰を開けてみました。そして匂いを嗅いでみると大ちゃんの好みそうな美味しい匂いがしたのです。早速、少し、お水で溶いて食べやすくしてから「大ちゃん、ちいちを食べますか」と、お話ししながら与えてみました。すると、この缶詰は大ちゃんのお口に合ったのでしょうか。何度もお代わりをして食べてくれたのです。私たちも何だかとても嬉しくなってしまいました。このまま、順調に良くなってくれたらと心から願いながら食べさせました。

次の日は朝一番で治療に臨みました。まず先生は体重を量りながら、「あっ、少し増えましたね」と、にこにことした表情を見せながらも治療に対する真剣な姿勢がこちらにも届いてきます。何としても助けてあげたい、良くなって欲しいという先生の、ストレートな思いがこちらにも伝わってきます。

大ちゃんはだいぶ体力が弱っているにもかかわらず、治療を受けている時にはたとえどんなに痛くても決して鳴くようなことはありません。これが大ちゃんなのです。先生には「良い子だ、良い子だ」と愛情のこもったお言葉をかけて頂きました。そして大ちゃんは缶詰のご飯を食べて頑張ってくれています。次の日も次の日も朝一番で病院に行き治療に専念しました。すると少しずつですが体重も増えていきました。

今日で病院通いも六日目になる日のことです。病院に院長先生の姿はありませんでした。そしてなぜか、この日を境に大ちゃんの病状が急変してしまっていったのです。ご飯を食べようとする意欲も感じられず、お水は少しずつ飲ませてあげるぐらいで本来の丈夫な体を保持していた頃の大ちゃんからは全く考えられないほどの衰弱状態に陥ってしまい、私たちも何の手を打つこともできずに明日の治療をただただ、待ち続けることしかできませんでした。

次の日も朝一番で治療に向かいました。ところが大ちゃんの病状は、二日前とは比較にならないほど、目で見ても分かるぐらいに悪化してしまっていたのです。先生の第一声は、「どうしたの、これは」と少し強い口調でした。正に大ちゃんの病状が急変していることは明らかでした。そして治療を受け、自宅に戻り大ちゃんをすぐに寝かせて体を休ませ、少し時間を置いた後に食事を取らせたのですが、もうほんの少量しか食べられない状態で、横になっている時にも何か大ちゃんは苦しそうな声を出し始め、昨日の様子とはだいぶ違うことが分かるほどになってきてしまい、夕方になっても息苦しそうな様子です。そこで先生に電話で連絡を取り、大ちゃんの様子を知らせました。それから急いで病院へ向かいました。すると先生は病院のドアを開け、今か、今かと大ちゃんを待ち続けて下さっていました。

私たちは車を降り大ちゃんを抱っこして、先生に宜しくお願いしますのご挨拶も早々に急いで診て頂きました。今日はこれで二度目の来院となりますが、大ちゃんの病状が朝とはちがい、今はこれまでにないほどに衰弱し苦しそうにしているのです。先生はすぐに治療に取りかかられました。それからしばらくの間、大ちゃんの病状を診ながらようやく先生は、口を開かれたのです。「今の医学では、もう、これ以上のことは」と残念そうにおっしゃり、そして、すっかりと肩を落とされたのです。私たちも先生がこのように診断を下されたのであれば、「そうですか」と言って応えるしかありませんでした。今や大ちゃんの命の炎は消えかかっているのです。この数日間、私は夜もほとんど眠らず大ちゃんの様子を見守ってきました。先生に、お世話になったお礼を申し上げ、大ちゃんを大事に抱っこしながら急いで家に戻りました。

大ちゃんはもう虫の息で、私たちもおどおどするばかりで、私の頭の中は、まるでパニック状態です。大ちゃんの体の苦しみを代わってあげることもできず助けることもできない自分自身の情けなさ。ただただ、時が過ぎていく。大ちゃんの肉体の苦しみ、心の不安、私たちの心の苦しみ、もう、どうしようもありません。

二〇一一年三月二日、午後九時四十五分、弟と私に見守られ、大ちゃんは肉体という衣を脱ぎ捨てると同時に、力を振り絞り私の左肩に飛び乗ってしまったのです。その時です。大ちゃんの温かな体の温もりが、パーッと私の体に染み入るように伝わってきたのです。もう私は大ちゃんだと思い、大きな声で「大ちゃん」と言って叫んでしまいました。肉体という衣を脱ぎ捨てた後にまで、なぜに大ちゃんは私の左肩に飛び乗ってしまったのか、それはいつも抱っこをする時には私の左肩に大ちゃんは両手をかけて、私は両手で大ちゃんを支えた状態で抱っこをしていたのです。いつも、いつも、そうでした。それを忘れずに大ちゃんは肉体という衣を脱ぎ捨て亡くなった瞬間にまで私の左肩に手をかけて抱っこされたのです。

大ちゃんは私に抱っこをして貰うことが大好きであった証しを最後に見せてくれたに違いありません。大ちゃんは抱っこをして貰うことで常に幸を感じてくれていたのではないかと、私はそう思いました。

十九年と数ヵ月という歳月を掛け替えのない家族として共に暮らし支え合い、そして生きて来た者同士の今生の別れ、これこそ天の無情を感じずにはいられない心境にあります。

## エピローグ

人の言葉で通じ合い心が通い合うあたかも人間同士、家族のように暮らした大ちゃんとの、それはそれは楽しかった、シュールな日々。何事も知能を働かせ努力を持って成し得るという。これこそが大ちゃんの生きる姿そのものなのです。そして走馬灯のように今、私の心に大ちゃんは甦ります。猫という概念を根底から覆されるほどのきわめて希に見る高度な頭脳を持つ大ちゃん。「優等生の大ちゃん」と呼ぶに相応しい所以ではないのでしょうか。大ちゃんの素晴らしさは、幼い頃より誰に言われることなく、また、誰に教わることもなく何事も常に自分の頭で考え行動していることにあります。私には大抵の猫ちゃんについてはただ、純粋な心を持っているとしか感じ取ることができませんが、今、大ちゃんのいくつかの写真をしみじみと見ていると、そこには人間と同等、もしくは、それに準ずるほどの確たる魂の存在を感じるのです。

大切な子を亡くしました。両手に抱えきれないほどたくさんの、こんなにも素晴らしい大ちゃんからの置き土産、本当にありがとう。ここに記されている事柄については全て真実に他なりません。紛れもない大ちゃんの生きる姿そのものなのです。大ちゃんとの奇跡のようなこの出会いを、そして大ちゃんとの幸な時を導いて下さった友人の福田さんに心からのお礼を申し上げると共に感謝の気持ちでいっぱいです。本当にありがとうございました。

大ちゃん、家に来てくれて本当にありがとう。大ちゃんが側にいてくれると私は幸なんです。

「大ちゃん大好きだよ。これからも、ずっとね」

そして、これからの私の人生、大ちゃんは、きっと明るい光となって私を照らし続けてくれることでしょう。大ちゃんはあたかも人間の子そのものであるかのごとく成長しました。正に、これは大ちゃんの生きた証しです。

最後に私の頭から離れないことがあります。大ちゃんは人の心と人の頭脳を持つ優秀な子です。しかしながら姿は猫の子そのものなのです。これは大きな問題です。なぜ、大ちゃんは猫の姿なのか。私には納得ができていません。

あっぱれ、大ちゃん。

「大ちゃん、最高」

## コラム　―歯ぎしりの治し方―

ある時、私は『家庭でできる自然療法』（東城百合子著、あなたと健康社）と医学書の中の一説に目が留まりました。そこには糖尿は膵臓のインシュリンが問題にされますが肝臓の病気と言っても良いのです。肝臓の手当てと栄養をしっかりすれば治ってしまいます（寛解する）という記述がありました。この考え方は、歯ぎしりについても参考になるのではないかと思ったのです。これによると膵臓と肝臓は相関関係にあることが分かります。そこで私は、歯と相関関係にある体の部位がどこなのかを考え続けたのです。そして体の重要な部位に着目しました。肝臓と言えば健康の要、体の要と言えば腰になります。考えてみると私は立っている時にはお腹を前に突き出し、少しお尻が下がっているような姿勢、つまり腰猫背の状態で立つことが多かったのです。もしかして、歯ぎしりは腰猫背が原因により起きているのではないだろうかと思い、その日から意識してやめてみたのです。そして気が付けば、夜な夜な起こる歯ぎしりは、ピタリと止まっていたのです。要するに歯ぎしりとは、歯との相関関係を有する体の部位（腰）の異常状態、即ち腰猫背が原因により起きているものと考えます。

**著者プロフィール**

**渡辺 せつ子**（わたなべ せつこ）

埼玉県生まれ、在住。
高校卒業。

**優等生の大ちゃん**

2024年1月15日　初版第1刷発行

著　者　渡辺 せつ子
発行者　瓜谷 綱延
発行所　株式会社文芸社
〒160-0022　東京都新宿区新宿1－10－1
電話　03-5369-3060（代表）
03-5369-2299（販売）

印刷所　図書印刷株式会社


ISBN978-4-286-24219-4